LOCUS

LOCUS

LOCUS

LOCUS

touch

對於變化，我們需要的不是觀察。而是接觸。

a *touch* book
Locus Publishing Company
11F, No 25, Sec. 4, Nan-King East Road, Taipei, Taiwan
ISBN 957-8468-90-3 Chinese Language Edition

Dell的祕密

作者：麥克・戴爾(Michael Dell)
(原著由Catherine Fredman 協作)
譯者：謝綺蓉
責任編輯：陳郁馨　美術編輯：何萍萍
法律顧問：全理法律事務所董安丹律師
出版者：大塊文化出版股份有限公司
台北市104南京東路四段25號11樓　**讀者服務專線：080-006689**
TEL：(02) 87123898　FAX：(02) 87123897
郵撥帳號：18955675　戶名：大塊文化出版股份有限公司
e-mail:locus@locus.com.tw
行政院新聞局局版北市業字第706號
總經銷：大和書報圖書股份有限公司　地址：台北縣三重市大智路139號
TEL：(02) 29818089 (代表號)　FAX：(02) 29883028　29813049
排版：天翼電腦排版有限公司　製版：源耕印刷事業有限公司
初版一刷：1999年8月　初版10刷：2003年1月
定價：新台幣300元

touch

DELL的祕密

戴爾電腦總裁現身說法

Direct from DELL

Strategies That Revolutionized an Industry

DELL 總裁 Michael Dell

直接來自戴爾的「直接模式」

原著由Catherine Fredman協作
謝綺蓉⊙譯

目錄

第二部

序
消弭不必要的步驟

我小學三年級那一年，便寄出一張申請高中文憑的函件。當時我在雜誌底頁看到一份廣告，上頭說：「只要通過一個簡單的測驗，您就可以輕鬆拿到高中文憑。」我對學校教育並沒有什麼意見，也很喜歡當個三年級的小學生。而且我的家庭一向非常看重良好的教育。

但是我在那個年紀，既沒耐心又對世界充滿好奇，如果能用快速簡易的方法輕鬆做完一件事，我就會躍躍欲試。而「一個簡單的測驗」就可以取代九年的學校生活，眞是太對我的胃口了。

有天傍晚，測驗中心派了一位女士來到我們位於休士頓的家。媽媽去開門，那位女士很客氣地說她想找麥克・戴爾先生。我媽一開始很迷惑，但問了幾個問題之後，她就知道這是怎麼回事了。

她對那位女士說：「他正在洗澡，我去叫他。」那個女士很驚訝地看著我走出來，一個穿著紅色小熊浴袍的八歲小男生。

我父母和測驗公司的那位女士都以爲我是惡作劇，才會寄出申請函，其實我是當眞的。

從小，我就非常執著於刪除不必要的步驟。所以，我想，我長大後，以消除中間人爲基礎來開設公司，這事兒應該不會讓人太過驚訝。戴爾公司把電腦直接販售給顧客，直接與供應商交易，也直接和我們的員工溝通，所有過程都省略了不必要的而且沒有效率的中間人。我們稱這種方式爲「直接模式」(the direct model)，而且，套句戴爾電腦公司常用的一句話：我們是「直接到頂」。

一九九八年，戴爾成爲全世界第二大的個人電腦製造及行銷商，成長率比電腦業的平均值快出五倍，股價升值百分之兩百，是S&P五百大和NASDAQ一百大中，股價獲利最大的公司。

大家常說，我們想做的事情是辦不到的。

戴爾能有今天的成就，不只是因爲我們有能力；我們願意以不同的角度看待事物，也是很重要的因素。我相信，機會既來自直覺，也要靠著對某個產業、事物或專業的狂熱投入。戴爾公司的經驗證明，人可以發掘並掌握大家原本以爲不存在的機會優勢；想要做到以非傳統的方式思考，不必是天才，也不必是先知，甚至不用有大學文憑，所需要的只是一個架構和一個夢想。

這本書不是我個人的回憶錄，也不是戴爾電腦公司完整的歷史。我只希望不管大家置身什麼產業，從事什麼職位的工作，這本書都能成爲大家在發展競爭優勢時的指南。我們功成名就的領域是在電腦業沒錯，但這種看準時機和把握機會的能力，是放諸四海皆準的，只要你保有好奇心和決心。又由於戴爾公司是我在德州大學唸書時在宿舍成立的，這使得我這個身兼創業者和公司總裁的個人發展，與公司的發展密不可分。

這本書，將要探討我們自稱的「競爭策略」，層面包括產品上市速度、優越的顧客服務、持續生產高品質產品的承諾，以及依顧客需求組裝，並提供最強功能與最新相關科技的電腦系統。另外，我們還會談到我們如何及早運用網際網路。我在本書的第一部會談到，我們在公司成長和變革，以及變革後再進一步成長的過程中，如何爲因應順境及逆境而發展出種種策略。第二部則會看到我們如何改進這些因應策略，以及戴爾如何以創新的方法，把在與員工、顧客、供應商直接接觸的過程中所苦心蒐集的資料與科技結合，藉此發展出最重要的競爭優勢，成爲眞正整合性的組織。

第一部

1

從校園的異類到異類的商機

想不發現商機都很難

十八歲的我還無法斷定，這個機會到底有多大，

也不確定科技能進展到什麼程度。

我不知道，進入這個竄昇中的產業會遇到什麼障礙？

如何籌措資金？我需要多少資金？

這個行業的市場成長速度有多快？

但我真的很想做出比 IBM 更好的電腦，

並且藉著直接銷售來提供顧客更好的價值及服務，

成爲這一行的佼佼者。

十二歲那年，我第一次感受到「直接接觸」的力量及收穫。我在休士頓有個最好的朋友，他父親對集郵非常著迷，所以我和朋友兩人自然也想開始集郵。爲了要儲備集郵的資金，我在離家兩條街的中國餐廳洗碗，也開始閱讀有關郵票的報導當作消遣。我很快就注意到郵票價格正在升高。沒多久，我在郵票方面的興趣，就從單純集郵的樂趣，轉移到我那身爲股票經紀人的媽媽所謂的「商機」。

在我家，想不注意到商機都很難。在一九七〇年代，我們家餐桌上討論的是聯邦儲備局總裁的決定，以及這對經濟和通貨膨脹率會產生什麼影響；我們討論石油危機、應該投資哪些公司、該買或該賣哪些股票等等話題。當時休士頓的經濟正值大幅成長的階段，收藏品的市場非常活躍，我從所讀到或聽到的內容裡，可以很明顯看出郵票價值正在攀升。身爲一個家庭資源豐富的小孩，我視此爲一個機會。

我和朋友曾在拍賣會買了一些郵票。我知道一般人很少會做賠錢的生意，所以猜想拍賣人一定可以賺取一筆不錯的費用。於是我想，與其花錢向他們買郵票，還不如弄個自己的拍賣會，一定很有趣。這樣一來，不但可以學到更多關於郵票的事，在過程中還可以賺得一筆佣金。

我開始著手進行第一次的生意冒險。

首先，我在鄰居間找了些人，說服他們把郵票委託給我處理。然後，我在當時的專業刊物《林氏郵票雜誌》（*Linn's Stamp Journal*）上刊登「戴爾集郵社」的廣告，然後開始用我的一指神功打字（那時我還不懂得正確打字法，也還沒有電腦），製作出十二頁的目錄，寄發出去。

出乎我的意料之外，我賺了兩千元。所以我很早就學到這有力的一課，了解到沒有中間人的好處；同時也體會到，如果有好的點子，絕對值得採取一些行動。

看出一個模式

幾年後，我看出一個機會，可以掌握更棒的商機。十六歲那年的夏天我找到一份工作，負責爭取《休士頓郵報》的訂戶。報社交給業務人員一份由電話公司提供的電話用戶名單，叫我們打電話向顧客推銷——居然以這種隨機取樣的方式去爭取新的生意機會，我非常訝異。

不過，我在拉顧客時，很快就從他們的談話與反應中注意到一個模式。有兩種人幾乎一定會願意訂閱郵報：一種是剛結婚的人，另一種人則是剛搬進新房子。我開始猜想：「怎麼樣才能找到所有剛辦好房屋貸款，或是剛結婚的人？」。

經過明察暗訪後我得知，情侶要結婚時，必須到地方法院申請結婚證書，同時也必須提供地址，好讓法院把結婚證書寄給他們。在德州，這項資料是公開的。所以我雇用了幾個高中死黨，一起勸誘休士頓地區十六個縣市的地方法院，爲我們蒐集新婚（或即將結婚）的新人姓名和地址。

接著我發現，有些公司會整理出貸款申請者的名單，而名單上是按照貸款額度來排定順序，所以很容易找出貸款額度最高的人，把他們定位爲高潛力顧客群①。我鎖定這些人，發給每人一封信，信的開頭是每一個人的姓名，信上則提供訂閱報紙的資料。

這時，暑假已經結束，該回學校上課了。雖然上學是很重要的事，我卻覺得這嚴重影響了一份穩定的收入。我費了千辛萬苦才創造出這套賺錢的絕佳系統，可不想就此放棄。所以我在需要上課的時候，利用放學後的時間繼續處理那一大堆工作，然後在星期六早上處理後續工作。結果，我找到數千名訂戶。

有一天，教歷史和經濟學的老師出了份作業，要我們整理自己的報稅資料。根據銷售報紙的所得，我在那一年的收入是一萬八千美元。起初老師還糾正我，認爲我弄錯小數點的位置。當她了解我並沒弄錯時，她反而更沮喪了。

因爲，我那年賺的錢比她的收入還高。

與電腦邂逅

那時候，我又有了新的嗜好：電腦。事實上，我對電腦的興趣應該追溯到更早之前。從七歲那年買了第一台計算機開始，我就對這種可以計算東西的機器深感興趣。我國中時被編入數學實驗班，並且參加「數字概念社」，社團裡的成員都能用心算來計算複雜的數學題，並且經常參加數學競爭。我們的教練是一位叫達比先生的數學老師，他在學校裝設了第一台電傳打字終端機。如果你放學後留下來，便可以動手玩這部機器，寫寫程式，或輸入方程式，然後得到解答。這是我看過的最神奇物事。

我開始在「無線電屋」（Radio Shack）電器專賣店流連，在那裡玩電腦。接著便開始存錢買電腦。在那時候，蘋果電腦很快成爲美國最受歡迎的個人電腦，很重要的是它擁有最多的軟體。蘋果二號電腦最棒的地方在於，它不像現在的電腦那麼複雜，而每個電路都安裝在特定的晶片上，使用者可以輕易打開外盒，了解電腦的運作方式。《位元組》（*Byte*）雜誌定期報導蘋果電腦最新的零件，製造半導體的公司也針對他們生產的晶片而出版手冊，詳細解釋一切，所以你可以找到一本參考書，從中學習有關 74LS07 的用途，以及它輸出及輸入的內容。我記得曾在這份雜誌讀到一篇文章，介紹第一部 Shugart 五又四分之一吋軟碟機，我覺得這東西眞的酷斃了。

我纏著爸媽，要他們答應讓我買自己的電腦。在我十五歲生日的時候，他們終於答應了。那時我還沒有駕照，但由於等電腦送到的過程讓我太焦慮了，還請爸爸載我到附近的UPS快遞親自領取電腦。倒車進到家裡的車道時，我迫不及待跳下車，把這個珍貴的包裹搬到房裡，帶著滿心的歡喜——迅速把我的新電腦解體。

我父母氣炸了。

當時一台蘋果電腦的售價昂貴，他們以爲我把電腦毀了。但我不過是想看看它到底是怎麼運作罷了。

就像昔日的郵票事件一樣，我對電腦很快就不再是單純的興趣，而轉變爲癡迷於它所帶來的商機。一九八一年，IBM推出了個人電腦（PC），我馬上把注意力從蘋果電腦轉移到個人電腦。當時蘋果電腦備有很多遊戲，而IBM的個人電腦則是功能較強，有很多商業用的軟體及程式。雖然我當時的商業經驗並不算太豐富，但已知道，個人電腦將是未來商業上的最佳選擇。

同時，我爲了盡量吸收有關個人電腦的知識，購買了所有可以加強個人電腦功能的配備，像是更多的記憶體、磁碟機、更大的螢幕和更快的數據機等。（這時候的個人電腦還沒有硬碟，所以並沒有太多選擇。）我改裝個人電腦的方式，其實就像別人改裝車子以加強馬力一樣。改裝之後，我把電腦賣掉，獲取利益，接著再改裝另一台電腦。很快，我開始向批發商購買大量零件，以減低成本。媽媽抱怨我的房間像個修理廠。

好運降臨。一九八二年的全美電腦大展，於六月份在休士頓的阿斯特丹館舉行，我拿到駕照四個月了。（全美電腦大展後來被 Comdex 電腦展取代。）那個禮拜我蹺了許多堂課去參觀電腦展，不過並沒有讓父母發現。我眼界大開。

我在電腦店消磨了很多時間，也和零組件商打過交道，不過還沒有真正接觸到電腦產業。在電腦展當中，整個電腦產業展現了最新的電腦標準，並且預先展示了即將上市的最新科技。我在展場上看到第一個５ＭＢ的硬碟。（戴爾公司現在銷售的個人電腦，照例都附有十八ＧＢ的硬碟，整整是當時的三千多倍！）我還記得當時走到一家叫 Seagate 的公司攤位，詢問一顆硬碟要多少錢，我想應該是好幾千塊。他們反過來問我：「你是ＯＥＭ工廠嗎？」我還不知道ＯＥＭ是什麼呢②。

在電腦這行，我才剛入門。

我終於存夠了錢，買了一個硬碟，用它來架設一個ＢＢＳ，與其他對電腦有興趣的人交換訊息。在我和別人比較關於個人電腦的資料時，我發現電腦的售價及利潤空間很沒有常規。

一部ＩＢＭ的個人電腦，在店裡的售價一般是三千美元，但它的零組件很可能六、七百元左右就買得到，而且還不是ＩＢＭ的技術。(因為我曾把電腦解體、升級，所以很清楚零組件的合理售價該是多少，製造商又是誰。）我覺得這種現象不太合理。

另外，經營電腦店的人竟然對個人電腦沒什麼概念，這也說不過去。大部分的店主以前賣過音響或車子，覺得電腦是下一個「可以大撈一票」的風尙，所以也跑來賣電腦。光是在休士頓地區就忽然冒出上百家電腦店，這些經銷商以兩千元的成本買進一部ＩＢＭ個人電腦，然後用三千元賣出，賺取一千元的利潤。同時，他們只提供顧客少少的支援服務，有些甚至沒有售後服務。但是因為大家眞的都想買電腦，所以這些店家還是大賺了一票。

在這個時候，我已經買進了和這些機器一模一樣的零組件，把我的電腦升級之後再賣給認識的人。我知道如果我的銷售量再多一些，就可以和那些電腦店競爭，而且不只是在價格上的競爭，更是品質上的競爭。況且也可以藉此賺點小錢，去買點高中生會想擁有的東西。

除此之外，我心想：「哇塞！這裡頭有一大堆機會。」

對於這些可能性，我眞是既興奮又緊張，腦海裡充滿了問題：我所知道的事物有哪些可以運用？我需要學些什麼？該如何學到這些事情？

不過我父母反對，他們希望我可以像我哥一樣，進德州大學奧斯汀分校的醫學院讀書。所以事情只好照他們的期望進行。在離家進大學的那天，我開著用賣報紙賺來的白色BMW去學校，後座載著三部電腦。

我媽當時就應該覺得我的行爲非常可疑才對。

壯志成形

我是很嚴肅看待上大學這件事的，不但會去上課，也會完成作業。我從不鼓勵現今的年輕人錯過受教育的機會，只不過對我來說，把大一的生活和想做生意的念頭擺在一起，就顯得實在是太無聊了。那不只是想做生意的念頭而已，而是一個非常成熟而且明顯的機會在眼前。還好，德州大學奧斯汀分校是個非常大的學校，就讀大學校的好處是沒有人確切知道你到底在搞什麼，你可以脫離常軌，做些旁門左道的事。

比方說：創業。

我恐怕是校園中的異類，你會看到我走在校園裡，一手拿課本，另一手拿一堆記憶體晶片。我會去上課，但一下課就回宿舍，把電腦組裝升級。這個時候，我的行徑已經傳開了，學校附近一些律師和醫生等專業人士（不是學生哦）會在我宿舍進出，把他們的電腦拿到宿舍來請我組裝，或是把我升級過的電腦帶回家去。

由於德州政府設有公開招標的過程，任何廠商都可以參加競標，爭取州政府的合約。為此，我申請了一張營業執照。由於我不必負擔任何電腦商家所需要的支出，可以用比別人低很多的價格來銷售功能更高的機型。

因此我屢屢贏得競標。

一九八三年的十一月（我十八歲），我父母聽到風聲，說我缺了很多課，成績一路下滑。所以他們再次干預，毫無預警地飛來奧斯汀看我。我記得他們到了奧斯汀機場才打電話給我，說他們人在機場。我趕緊在他們進門之前，把所有的電腦全都藏到室友浴室的浴簾後面，差點來不及。不過，就算我把東西藏好，還是很明顯沒有什麼唸書的跡象。

我爸爸先開口：「你不可以再搞那些電腦的東西，好好專心在課業上。」他還說：「你要清楚事情的輕重緩急，你到底想怎麼過生活？」

我說：「我想跟ＩＢＭ競爭。」

他不怎麼喜歡聽到這答案。

爲了安撫父母，我答應不搞「那些電腦的東西」。我試著安安分分上了三個星期的課。但我盡了力，還是做不到。十二月，我知道我對電腦的癡迷不只是一個嗜好，也不是三分鐘熱度而已，我自己心裡很清楚，已經掌握絕佳的生意機會，不能讓它溜走。電腦這個工具，大幅改變了人們工作的方式，而且成本逐漸降低；我很清楚，如果能把這種原本只掌握在少數人手中的工具，轉變成每個大企業、小公司、個人和學生都能擁有的東西，它會變成二十世紀最重要的工具。

而十八歲的我，還無法斷定這個機會到底有多大，也不確定科技能進展到什麼程度。我強烈地感覺到，自己正投身於一樁很重大的事情裡，但對大部分的細節一無所知。那時候，我不懂的事情遠遠多過已知的事，比方說，進入這個正在猛烈成長的產業會遇到什麼障礙？如何籌措資金？我需要多少資金？這個行業的市場成長速度有多快？

不過有件事我很清楚：我眞的很想做出比ＩＢＭ更好的電腦，並且藉著直接銷售來提供顧客更好的價值及服務，成爲這一行的佼佼者。

我並沒有向任何人提及這個想法，連我父母也不例外，因爲他們可能會覺得我瘋了。但是對我而言，機會就在眼前。

而且，我覺得現在絕對就是最佳的時機。

千眞萬確的大好機會

我看到，這是以更有效率的方式來提供電腦科技的大好機會，而這就是戴爾電腦公司誕生的核心概念，也是我們素來堅持的原則。

一直以來，電腦產業的做法，都是由製造廠商生產電腦之後，再配銷給經銷商和零售商，由他們賣給企業和個人消費者。在早期，像蘋果電腦和ＩＢＭ這類的公司，是透過電腦經銷商來販售產品的，主要是因爲他們需要這種方式來達到全國性的銷售。當ＩＢＭ推出最初的ＩＢＭ個人電腦時，儘管他們具備舉世最嚴謹完整的銷售組織，ＩＢＭ還是選擇透過經銷商來銷售個人電腦。由於當時所有電腦界的大廠都傾向於透過經銷商的方式來販售，大家便相信，這種間接的管道是理所當然的做法。

但這個間接的路徑，是建立在一無所知的買方和不具相關知識的零售商這兩者的結合之上，而我知道，這樣的結合不可能持久。我是跟著電腦一起長大的，高中時候所寫的每一份報告都是在電腦上完成，電腦跟我的生活早已密不可分。在我看來，每個企業、每所學校和每一個人，遲早都會變成要依賴電腦。即使那時是一九八四年，你已經可以預測：「十年後，世上會有千百萬具備較多電腦知識的個人電腦使用者。」只是當時還不敢說，到了公元二〇〇八年，個人電腦的使用人數會多達十四億——但我現在如此相信。不過我至少那時就察覺到這是個龐大的市場，而且根據我自己身爲使用者的經驗，以及與顧客間有限的互動經驗，我曉得顧客會一年比一年更具知識，也會有更高的要求。

我以一個簡單的問題來開展事業，那就是：如何改進購買電腦的過程？答案：**把電腦直接銷售到使用者手上，去除零售商的利潤剝削，把這些省下來的錢回饋給消費者。**

我搞不懂別人爲什麼沒想通這一點，我個人覺得道理非常清楚。我如果花時間到處請教別人的意見，肯定有很多人會說我這主意行不通。我在創業以來的這十五年裡，聽過很多次別人這樣說了。

當有人告訴你某些事行不通，有時候你最好就不要問，也不要聽。我從來不尋求別人的許可或同意，只管放手去做。

正式登記

一九八四年的一月二日，我早在學校開學之前就回到奧斯汀，開始著手所有創立事業的準備工作。我以「個人電腦有限公司」（PC's Limited）的名字，向德州政府註冊公司登記，並在當地的報紙分類廣告上刊登廣告。

透過以前和顧客的接觸及報上的小廣告，我有許多生意上門。每個月銷售給奧斯汀地區的升級電腦、升級套件、周邊配備，大概價值五萬美元到八萬美元。沒多久，我就有能力搬離原本和室友合住、堆滿東西的宿舍，住到屋頂挑高的兩房公寓。不過我在搬出宿舍好幾個月之後，才告訴父母親這件事。

五月初，我大一期末考的前一個星期，我把公司的名稱改爲「戴爾電腦公司」，營業項目和「個人電腦公司」一樣。政府規定的一千美元資本額，就是公司一開始成立的投資。公司從我的公寓搬到一個一千平方英尺（約二十八坪）的辦公室，地點是在北奧斯汀一個小型商業中心，我雇用了幾個人負責接電話收訂單，另外幾個人負責處理訂單。製造部門有三個人，拿著螺絲起子在六尺見方的桌面上，做電腦升級的工作。

生意持續成長，我也開始認眞思考：如果我以「全職」的方式投入這個事業的話，未來的潛力會有多大？

以我的家庭背景而言，不上大學，是不被見容的選擇，要說服我父母答應讓我休學更是不可能。所以我不顧後果，逕自辦了休學。我只讀完大一。

過了一陣子，我父母原諒了我。而再過一些時候，我也原諒了他們。

現在有人問我：「你當時會不會害怕？」當然會！幾乎所有的人都是因受到某種形

態的恐懼而被激勵。我害怕自己會做得不好，擔心這個生意會變成徹底失敗的經驗。但以我的例子來說，風險十分有限。德州大學有個很好的計畫，允許學生休學一個學期，而不會在學業上遭受任何處分。這個計畫賦予我某種程度的自由，可以創業，而不用擔心會完全失去受教育的機會。有了這樣的認知，我就不擔心有什麼損失，頂多是錯過一些社團的聚會罷了。如果生意眞的做不成，總是可以回頭，按照我父母最初的計畫去念醫學院。

結果證明，「個人電腦公司」成立的時機眞是再好也不過了。我看到周圍的人對電腦愈來愈有興趣，也更有概念，他們想要尋找功能更好的IBM個人電腦，但IBM電腦沒有生產他們要的東西。另外，這些電腦產銷過程上的異常，也導致市場上嚴重的供需失調。比方說，經銷商訂了一百部電腦，最後可能只收到十部。他爲了得到所需要的貨量，下次會改訂一千部，但結果收到六百三十三部，由於他其實只需要一百部，便可能會因無法負擔這些額外庫存而陷入窘境。通常的結果是，他們以低於成本價許多的價格抛售，這就成了大家知道的「IBM的灰市」。這時，我們會買進這些削價出售的電腦，加上磁碟機和記憶體，予以升級，再出售以賺取利潤。

雖然這個時候的生意很好，我們卻在七、八個月後便發現，如果能製造出我們自己的電腦，就能掌握更大的機會。有一天我翻閱一本電子雜誌，讀到一篇介紹電腦晶片組（chip set）的文章。現在大家都知道什麼是晶片組，但是在坎貝爾（Gordon Campbell）剛成立「晶片與科技」（Chips & Technologies）公司時，這個概念還很新。他建議把英特爾二八六微處理器的個人電腦所需的兩百個晶片，組合只有成五、六個應用特定整合電路（ASIC）的晶片。這個晶片組不但簡化了個人電腦的設計，也讓我們能夠以幾個晶片組和幾名在這方面專精的工程師爲起點，開始製造自己的電腦。（當然，後來的過程比我們想像的複雜許多，但晶片組的出現還是讓我們減輕了進入電腦業的困難。）

我和坎貝爾聯絡，拿到三、四個晶片組，並且把這些東西放在我桌上，提醒自己要想出使用這些東西的方法。後來，我和當地英特爾的業務人員聯絡，請教他們：「這個地區有誰懂得設計二八六的電腦？」

我終於得到六、七個工程師的名字，以及幾個以小組方式工作的團體。我一一打電話，說明我希望能找他們設計個人電腦，也問了費用和時間，以及風險如何。

其中一名叫做傑·貝爾（Jay Bell）的工程師答覆說：「我可以在一個星期到十天的時間內做好，收費兩千元。」

我說：「聽起來好像不會有太大的損失。我恰好要出城幾天，所以先給你一千元訂金，剩下的等我回來再給你。」

等我回來，傑．貝爾已經做好我們的第一部二八六電腦。

上路啦。

註釋

①這是我第一次體會到我後來稱作「分割市場」的作法，這是戴爾成功的最重要策略之一，參第六章。

②OEM，原廠設備製造商（Original equipment manufacturer），這個名詞在電腦業界很常用，就像「損益表」（profit and loss）一詞一樣普通。

2

131 個願望

成長的痛苦

1986 年年底，戴爾公司的營業額已達約六千萬美金。

業務大幅成長，我們普遍獲得肯定。

但我們擔心，接下來該如何發展。

於是我們辦了一場腦力激盪會議，

針對未來提出一連串的問題與自我期許，

總共列出一百三十一個願望。

回顧過去，我很高興看到這些願望幾乎全部達成。

只有一件事沒做到。

高中課程裡，當然沒有任何一門課教我如何創業或經營事業，所以顯然有很多事我得從頭學起。而我的學習，多半是透過實驗或一大堆的錯誤。我所學到的第一件事就是，在搞砸和學習之間，有一定的關係。我犯的錯愈多，學得就愈快；而你應該可以想像，我是很有效率的。

我試著讓自己身邊有很多睿智的顧問，而且試著「不貳過」。幸好，我並沒有犯下太嚴重的錯誤。儘管當時公司已經很成功，但因爲規模還小，所以我犯的錯也就顯得微不足道，至少現在回想起來是如此。因爲我們公司的成長非常快速，所有事不斷在改變，因此我們會自問：「這件事該怎麼做最好？」然後想出答案。解決的過程可以奏效一時，但到了某個程度就會失效，所以必須加以修正，嘗試其他的方法。比方說，我們剛開始時用手寫的方式記下訂貨內容，再把訂單繫在曬衣繩上。過了一陣子，我們就發現，這樣做無法處理大量湧進的訂貨量，所以開始聘用專人來撰寫訂單輸入的程式。但因爲我們的電腦並沒有連線，所以業務人員把訂貨內容輸入他們的個人電腦之後，我必須在辦公室各處收回這些存有訂貨資料的磁碟片，再將其整理在訂貨資料庫的程式中。這整個流程是一項很大的實驗。

我在過程中學到許多寶貴的經驗，其中一項就是授權。由於我當時是個大學生，習慣了可以晚起的作息，所以公司成立之初，每天必須早起是一件很痛苦的事。而我是唯一一個有公司鑰匙的人，只要我睡過頭，就會在到抵達公司時，看到二、三十個人在門口閒晃，等著我開門讓他們進去。剛成立公司時，很少在九點半以前開門，後來提早到九點。到最後，我們改成八點上班，我也終於把鑰匙交給別人。

還有一次，我正在辦公室忙著解決一個複雜的系統問題，有個員工走了進來，抱怨說他的硬幣被可樂販賣機吃掉了。

我問他：「這種事爲什麼要告訴我？」

他說：「因爲販賣機的鑰匙是你保管的。」

那一刻，我才知道該把自動販賣機的鑰匙交給別人保管。

持續成長的爆發力

生意非常興隆，所以不用我多說，我們當然是持續成長。搬進一千平方英尺的辦公室才不過一個月，就又搬到另一個面積達兩千三百五十平方英尺（約六十六坪）的地點。四、五個月後，我們超快的成長速度迫使我們再度搬遷，這次是移到面積七千二百平方英尺（約兩百坪）的地點。六個月之後，我們不得不換地方，電話系統、設備、組織架構、所有硬體和電力系統都必須擴充。到了一九八五年，索性一舉搬進三萬平方英尺（約八百四十坪）大的建築物，那地方像足球場一樣大，我以爲永遠塡不滿那個空間。沒想到搬進去後不到兩年，又得搬家了。

一直以來塑造出戴爾公司文化的要素，許多都是在初期形成的。在發展初期，公司還在風險頗高的階段，所以我們會甄選具有高度冒險性格，而又變通能力強的人。我們在財務、製造、資訊科技等方面，當然會延聘專業人士負責，不過在其他領域的人事聘用上，便有比較自由的空間。我曾坐在地板上篩選好幾疊履歷表，像是在發撲克牌，我心裡想著：「也許這個人適合這個工作，而這個適合另一個工作。」還好，當時有很多優秀人才在找工作。我們從地區性的公司和競爭者手上挖了許多人來，更特別留意那些想在本地工作的德州大學畢業生。我們早就知道，如果聘用了好的人員，他們在有所作爲後，會帶進更多優秀的人才。

我們從一開始就以非常實際的方式運作。我常問：「完成這件事情最有效率的方式是什麼？」如此一來，我們杜絕了所有產生官僚體制的可能性，這種作法也提供了學習的機會。比方說，我們規定，業務人員必須裝設好自己的電腦。他們也許不喜歡這麼做，但這過程不僅可以讓他們（和我們）眞正感受到，沒受過電腦教育的顧客在裝設系統時會遭遇什麼問題，業務人員也會對於自己所銷售的產品有更切身的認識，因之可以幫助顧客在獲得相關資訊的情況下，決定要購買哪些產品，也可以協助顧客解決設備問題。

因爲這樣，奠下了我們服務卓越的名聲，而好服務正是保持競爭優勢的一大利器。到了一九八五年，這個產業的競爭已經是激烈無比，所以我們必須不斷創新；不斷挑戰傳統思考，成爲公司的基本精神。而我們爆炸性的成長，也有助於培養員工間強烈的同志情誼，以及一種眞正覺得「天下無難事」的態度。

有些時期，我們的辦公空間眞的太擁擠了，必須兩人共用一個小小的辦公區。假如生產線的工作過量，工程師得進廠幫忙；電話系統忙不過來時，所有人都來幫忙。我們的業務人員一邊把隨機存取記憶體（RAM）放到管子裡寄給顧客，一邊還得在電話上接更多的訂單。（在那個時候，RAM的晶片很小，顧客可以自己加。）

我們在金錢方面也很吃緊，大家沒有垃圾桶，而是用送電腦零件來的紙箱代替。不過他們似乎不怎麼在意。我們都有共識，覺得自己正在進行與衆不同的事情，參與一件很特殊的工作。公司現在的特質，就是在那個時候開始建立起來的。

我們經常挑戰自己，要求不斷成長，以提供顧客更好的服務。我們只要定下目標，就一定會達到；達到後，我們會稍微停下脚步，給大夥兒打打氣，然後繼續進攻下個目標。當同仁對自己和公司都有很高的期望時，似乎特別精力充沛。我們的銷售額第一次達到一百萬美金時，有人買了杯裝蛋糕來，每個蛋糕上面都寫著"$1,000,000"。我們很努力地讓所有在戴爾工作的人覺得，這個公司不只是打發時間、領薪水的地方，而是個有趣且有探險味道的場所。

一九八六年,我們聘請渥克（Lee Walker）擔任公司總經理,此舉劃下公司的轉捩點。渥克是個大膽的資本家，身兼其他幾家公司的高級執行主管，他是戴爾公司有史以來延聘的第一個重要管理階層人士。在我們以超快速度成長的時期，迫切需要資金。渥克上任後先做了幾件事，其一就是打電話給他在德州商業銀行的老朋友，他說：「我手上有一家很不錯的公司，你一定要貸款給我們。」在十八個小時之內，我們就拿到了很像樣的信用記錄。

一九八八年公司股票公開上市，渥克對於董事會的成形貢獻良多。在研擬理想董事名單時，我們想到了兩個人：科茲梅斯基（George Kozmetsky）和英曼（Bob Inman）。這兩個人都住在奧斯汀，都了解電腦產業，並且都有很顯赫的背景。科茲梅斯基是「泰勒戴恩電訊」（Teledyne）的創始人之一，也是德州大學商學院的院長；英曼則是一家名爲「威馬克系統」（Westmark Systems）的軍事公司的董事長兼總裁,在聯邦政府有很完整的資歷。渥克和我分頭說服他們倆。他倆聽取了我們目前的成績之後，欣然同意加入董事會。他們的加入大幅提升了我們的商譽。一般說來，像戴爾這樣的年輕公司，在創立時根本沒有強勢的董事會。身爲董事會的元老，科茲梅斯基和英曼提出若干明智的建議，提出非常有價值的意見，造就了現在的戴爾公司。

直接模式：版本1.0

我們與潛在顧客和已購買我們產品的顧客保持溝通，因此我們完全了解他們眞正的需求和好惡，以及我們哪些地方應該改進。我一向認爲，比較合理的銷售方式，應該是把顧客眞正需要的東西提供給他們，而不是關起門來猜測他們想要什麼。以我們的情況來說，這麼做也是出於情勢，因爲我們一開始的資金實在太少，沒有多餘的時間或資源處理庫存。

我們的「直接模式」，正式宣告開始。

從一開始，我們從設計、製造到銷售的這整個營運，都以聆聽顧客意見、反映顧客問題、推出顧客所需爲宗旨。我們所建立的直接關係，從電話拜訪開始，接著是面對面的互動，現在則藉助於網路溝通，這些做法讓我們可以得到顧客的反應，即時獲知他們對於產品、服務和市場上其它產品的建議，並知道他們希望我們開發什麼樣的新產品。

這種模式以直接銷售爲基礎，而不藉由專賣店或零售的管道。這種銷售方式並非首創，但我們執行的方式與衆不同。其實大型主機和迷你電腦一開始是採取直接銷售的方式，但是直接交易需要昂貴且龐大的組織架構，所以，大部分的電腦製造商只對他們最好且最大的顧客進行直接銷售；對於其他採購量較小的顧客，則透過零售管道或是專賣店的方式提供商品。但是我們自始至終都採取直接銷售的方式，顧客群包括了《財星》（*Fortune*）五百大企業中的四百家公司。

其他公司在接到訂單之前已經完成產品的製造，所以他們必須猜測顧客想要什麼樣的產品。但在他們埋頭苦猜的同時，我們早有了答案，因爲我們的顧客在我們組裝產品之前，就明白表達了需求。

其他公司必須維持很高程度的庫存量，以補充經銷商和零售商的需求。但我們只在顧客需要的時候才生產他們想要的產品，所以沒有佔據空間、耗費資金的庫存品。更由於我們不必在經銷商和相關庫存上額外花錢，因此可以提供顧客更高的價值，擴展也就更爲快速。而只要新增一個客人，我們便詢問他對於產品和服務的需求。一個完美的循環因此形成。

這種銷售循環，使我們從直接模式中得到眞正的生產力優勢。採用間接模式時必須有兩個業務過程：一是從製造商向經銷商；另一則是面對顧客的經銷人員。而在直接模式中，我們只有一組業務人員，而且完全把重心擺在顧客身上——而且我們不是以一種方式面對所有顧客，得區分顧客形態。我們很快就了解，把產品賣給大企業與賣給一般消費者，是截然不同的事。所以我們聘用了曾經對大企業進行銷售的業務人員，其他的業務人員則專門負責銷售給聯邦政府、州政府、教育機構、小公司或一般消費者。

我們也發現，這樣的架構對於業務大有好處，因爲我們的業務都成爲專才。他們不必一一搞懂八家不同製造商所生產的八種不同產品的全部細節，也不必記住每一種形態的顧客在產品上的所有偏好，如此一來，不但我們的業務人員輕鬆許多，對顧客也有好處，因爲他們有特定的業務人員直接處理他們的問題及偏好，有助於他們與戴爾公司合作的整體經驗。

直接模式是一種爲了與顧客接觸而自然延伸的方式，它讓我們在進入新市場時掌握市場脈動，以提供正確的科技給適當的顧客。直接模式成爲我們公司的支柱，也是推動我們成長的最佳工具。

更快，更大，更好

當然，我們不是唯一一家能製造ＩＢＭ相容電腦的公司。整個電腦產業的供應商都蓬勃發展。而我們雖然是第一家採用直接銷售方式的公司，卻絕不是唯一的一家。況且，有許多顧客還不是非常確定能從我們身上得到什麼好處，因此，我們需要進一步與衆多投身於個人電腦業的公司做一番區隔。

進行直接銷售有一項最大的障礙：許多潛在的顧客不敢從荷包掏出四千元美金，交給一家從沒聽過，而且沒有一個實體店面讓他們可以走進去的公司。這種恐懼我們絕對可以理解。所以我們在廣告上提出產品三十天內退款的保證。這樣子的保證，可以去除顧客的恐懼，並且讓戴爾贏得「可靠」之美名。

品質是另一種很重要的區隔方式。有時候我們會發現供應商所提供的零組件不相容，這時我們就得回過頭要求供應商配合我們的標準。但這個問題還是常發生，所以我們投注更多的資源，設計出能與ＩＢＭ電腦相容的個人電腦，採用品質最好的零組件。我們與供應商建立非常密切的關係，說明我們的需求，共同進行測試和修正資料，促使他們進步。

設計我們自己的產品，代表著也必須增進產品的功能。在那段日子，大家爭相在「功能」上一別高下，如果能做出一台比ＩＢＭ電腦更快的ＩＢＭ相容型個人電腦，必然可以贏得傑出的競爭優勢。我們很清楚，很多人熱中於設計，這可以提高電腦的速度。這樣算吧：如果ＩＢＭ用六MHz的二八六電腦就可以佔有百分之七十市場的話，那我們就必須推出八MHz的產品。

結果我們發展出十二MHz的機器。

其實，我們在實驗室研發的程度已經達到十六MHz的標準，但覺得十二MHz的機器才是我們當時可以大量生產的機種，以便提供最好的服務和品質功能。所以我們在《ＰＣ週刊》（*PC Week*）和《ＰＣ雜誌》（*PC Magazine*）上刊登了兩頁的廣告，比較我們十二MHz的機器（定價美金一千九百九十五元）和ＩＢＭ的六MHz機器（定價三千九百九十五元）。然後，我們向八六年春季的Comdex電腦展進攻。

那時候的Comdex幾乎只有電腦經銷商和零售商參展，讓採用直銷方式的電腦公司參展，是很不尋常的事。還好，我們在另一家公司臨時取消參展時，拿到主要區域的最後一個攤位。我們佈置了一個展示區，以保麗龍做出一面磚牆，而我們十二MHz的電腦破牆而出，象徵我們突破了十二MHz的障礙。當然，比起康柏（Compaq）和ＩＢＭ，我們的展覽規模是小巫見大巫，不過沒有關係，我們擁有到目前為止速度最快的機種。展覽開始沒多久，我們的攤位前面很快就有了兩列人馬大排長龍。一排是媒體，不約而同地搔頭苦思，懷疑怎麼會有人要速度這麼快的電腦。另一排的人，則全部對這種高效能機器的概念大感興趣，想知道怎麼樣才買得到。

在這一次電腦展，我們領悟到產品功能和上市時間的重要性。我們自己都還沒搞清楚狀況，就已成為衆人的焦點，這全是因為我們研發出創新的機器，準備在競爭中拔得頭籌。我們也從原本可能會被放在《PC週刊》不起眼的第八十七頁，一躍成為封面故事的主角。

當然，功能和上市時間是很重要的區隔要素，並且能夠凸顯出我們目前工作的效率。到這個階段，我們也已經建立了服務優良、技術領先及高度價值的美名。我們的顧客也不禁要問：「你說說看，我為什麼要花這麼多錢買一部速度比較慢的電腦？」沒有人可以忽略我們為市場所帶來的超級價值。

隨著媒體注意到我們公司，並且開始評估我們的系統，我們繼續保持成長衝力。我們的電腦開始贏得表現優良獎，公司也開始在品質、支援、服務項目上得到五星級的評鑑。因為戴爾電腦的最高價值及最優表現，所有重要的雜誌都開始大力推薦。我們開始吸引更多具備電腦相關知識的企業顧客，而他們是我們的市場核心。

我們終於躋身美國知名企業之林。

成功帶來的危機

到了一九八六年底，戴爾的營業額已達到大約六千萬美金。業務大幅成長，我們所獲得的肯定也以倍數增加。但我們擔心的是接下來的發展。

事實上，我們的成功是一種危機點。投資銀行家開始打電話來詢問：「你們爲什麼不公開上市？」投資人來電探問：「要不要增資？」其他公司也前來刺探我們是否願意把公司賣掉。眼前顯然有著大好機會，但我們擔心，若是維持現在的方式，便可能無法掌握那些機會，必須做點戲劇性的改變。

我決定在一九八六年的秋天召開一場腦力激盪會議，地點是在加州的葡萄酒產地，參加會議的成員包括公司主要的執行主管、電腦業及其他範疇的意見領袖，希望可以找出營運發展的最好辦法。當然，要把自己的策略和缺點暴露在業界頂尖觀察家如吉姆・塞摩（Jim Seymour）和愛絲特・戴森（Esther Dyson）面前，絕對必須承擔一些風險；但我也確信，他們清新的觀點和建議，絕對是值得冒風險的。

我們提出來的問題包括：公司今日的定位爲何？我們認爲公司會變成什麼樣子？我們希望它發展到什麼地步？有哪些機會可以帶領我們到那個境界？而我們又該如何掌握這些機會的優勢？結果我們總共列出一百三十一個願望①。

除了一份願望清單之外，我們也在會議當中歸納出三點主要的認知。

第一：我們若眞要讓事業成長，必須鎖定大型公司。

第二：爲了要談定大型公司的生意，我們必須提供電腦界絕對最佳的技術支援。就是因爲這樣，我們想出電腦業第一個提供「到府服務」維修個人電腦的想法，而且決定，與其和一堆後勤問題瞎攪和，不如說做就做，選定一天就開始提供這項服務。如果有顧客打電話來說電腦有問題，我們會回覆：「我們明天會派人到府修理。」這絕對大大不同於你要顧客自行把電腦帶到經銷商處，或甚至要自己寄回去工廠等糟糕的做法。

思考事情的可能性和可行性，然後依此定下發展的目標，一直是我們的特質。我們在那次會議中定下的目標，是要在一九九二年達到十億美元的銷售量。聽起來像是很遠大的目標，但是我們衡量過：根據計算，如果考量到我們產品的品質和目前的市場佔有率，這個目標在現有市場和潛在市場是絕對實際的。

接下來的工作，就是要想出如何執行。

傻子出國記

在腦力激盪會議中所提出的第三個點子，是要追求全球性的擴展。我們知道必須把生意拓展到美國以外，但公司成立只不過兩年半，也沒有太多資本。我記得在腦力激盪會議之後，我回到辦公室告訴大家，我們要開始向國際拓展，大家覺得我八成瘋了。

我們並不是貿然決定要橫掃全球，而是很仔細地觀察了加拿大、英國、德國和法國的市場。我們也考慮過日本，但是很快就了解到那是個比較長期的夢想——進入到一個由成熟的日本公司主控的市場，所需要的投資遠超過我們當時所能負荷的程度。至於加拿大，雖然較爲容易、安全，卻無助於建立歐洲的市場。而我們知道歐洲的市場有無限的潛力。

在這兩年之前，我曾經在大一那年的春假和家人到倫敦渡假。我哥哥在大學畢業和等著進醫學院的這段期間，曾經在倫敦住了六個月。我趁機到幾家電腦店閒晃，觀察到英國的高比例加價和差勁的服務等現象，和美國一模一樣。這成爲我們選定在英國拓展的首要原因，當然語言的因素也是其一。而我們決定行動的時機眞是適切無比。

英國和美國一樣，有好幾家販賣廉價電腦的公司，他們的電腦功能不太好，但賣得還不錯。這透露出一個重大訊息：在英國有很多人想買電腦，卻得面對無法讓人滿意的產品和服務。這些公司逼出了一個具備電腦知識的市場，而他們將會非常願意購買戴爾的電腦。

一九八七年六月，英國戴爾公司正式開幕，來參加公司成立記者會的二十二個記者當中，有二十一個預測我們會失敗。他們宣稱，直接銷售模式是美式概念，在英國沒有人會直接從製造商買電腦的。

他們說，這是很不高明的想法，捲鋪蓋回家吧！

但顧客的意見最重要。他們不但知道自己想要什麼，也知道我們可以提供這些商品。生意從第一天開始就非常賺錢，而現在，英國戴爾每年有將近二十億的營業額。

想到我們最早的「創新思考」，以及「不要聽信那些告訴你事情做不到的人」的哲學，很有趣的是在接下來的十年裡，幾乎我們拓展所及的每個國家，都有很多人說，直接銷售模式絕對會失敗，所說的話如出一轍：「我們國家不同，你的商業模式在這裡是行不通的。」終於，我們完成了西歐和中歐的拓展工作之後，這種排斥性的說法漸漸銷聲匿跡，一直到我們進入亞洲市場才又死灰復燃，不過在這裡說法有點不同。他們會說，這是西方的概念，在這裡行不通，回家去吧。然而我們不但沒有修正策略來適應這裡的文化，反倒回答：「我們認爲直接模式適用於不同的文化，而且我們願意冒這個險。」

爲了確保拓展順利，我們還是進行了一些本土化的動作。你當然不能把使用英文的電腦賣到中國。而且從文化的角度來看，其他國家的顧客本來就不同。比方說，有些德國人不太喜歡以電話來回應廣告，覺得這樣太直接。不過他們會用傳眞，索求更進一步的資訊，並且會留下姓名和電話號碼，讓戴爾的業務代表可以回電話給他們。如此產生的對話，幾乎和這些德國顧客自己打電話來一樣。這種小幅度的調整，讓我們在不改變商業策略的情況下，可以適應文化的差異。

在某些國家，當地管理人員對我們的核心策略一知半解，試圖建立不全然是我們直接商業模式的混合模式。可是他們沒有因此致勝，反而阻礙了戴爾日後在那些市場上的成功。我們已經立即予以糾正。這個教訓是：「相信自己。如果你眞有非常強勢的概念，就不要管那些扯你後腿的人，改聘那些能接納你前景的人。」

上市的大好時機

大約在這個階段，我們開始想藉由股票公開上市來募集資金，因爲我們需要資本讓公司成長，得到供應商更多信任，並且打算向我們的大型顧客顯示，我們不只是他們的同儕。為了有足夠的經費支持我們進入企業市場的雄心壯志，我們需要資金以支持將會擴大的應收帳款，而我們希望能比以前任何數目都大都多。

當時的董事長渥克和我邀請了幾位有興趣的投資銀行家，到我們位於奧斯汀的總部開會。他們的企劃是一個比一個好聽，大談他們可以為我們做什麼，而我們又可以得到多少回報云云。渥克和我聽了之後互看一眼，然後說：「眞是廢話一堆。他們只是說了一些他們認為我們想聽的話。」我們花了很長的時間仔細審核這些公司，最後選定了高曼（Goldman Sachs）。為什麼？因為我們特別喜歡他們要我們暫時不要公開上市的建議。他們要我們轉而考慮撥放股權給一小群投資者，等到公司再成長一些，而我們也有比較多的經驗來處理上市公司必須面臨的挑戰時，如果還想成為上市公司，再進行也不遲。這個答案是我們始料未及的，不過最後證明是完全正確的方法。

私人股權配置的備忘錄在一九八七年七月刊登，概述了我們在這三年內的成就。備忘錄的內容如下：

「戴爾電腦公司針對技術先進的ＩＢＭ相容個人電腦，從事設計、研發、行銷、製造、支援和服務的工作。其產品目前以『個人電腦有限公司』的品牌直接銷售給使用者。公司主要顧客為中小型企業及個人，以及少數的跨國企業、政府部門、學術機構等。自戴爾公司在一九八四年成立以來，已經以最初的區區一千元美金的資本基礎，銷售出價值超過一億六千萬美元的電腦和相關設備。公司自創立以來，每一季都有盈餘；而自成立至今，業務蒸蒸日上。」

備忘錄中接著列述讓我們具備競爭優勢的三大長處：

我們有能力製造出與IBM公認標準相容的高品質產品。事實上，我們許多產品的品質和功能都超越IBM的系統，而且經常被《PC雜誌》和《PC世界》等知名雜誌列爲頭等產品。

我們以直接關係進行行銷。備忘錄上說：「戴爾公司每天平均接到一千四百通電話，所以能從顧客身上及時得到有關產品和服務需求的意見，獲悉他們對市面上各種產品的看法及對公司廣告的反應。這些意見讓公司在爲符合顧客的需求，而制定產品供應和溝通計畫時，能擁有更多的競爭優勢。採行直接關係的行銷，也可以杜絕經銷商額外加收百分之二十五到四十五費用的剝削，因此公司的產品能以更強勢的方式定價。除此之外，戴爾的行銷策略，能讓公司的專業員工來銷售公司生產的產品，而他們所受的訓練便是專門爲了銷售戴爾的產品而設計。」

我們維持有效率和有彈性的製程，達到流線型資產的基礎。我們沒有太多的資金，而生產的數量是根據實際接到的顧客訂單，而非經銷商的預測，所以庫存量通常很低。

到了一九八七年十月，我們已經準備好要募集兩千萬美金的資金，但就在交易要確定的最後一刻，股市崩盤。我以爲這下完蛋了。不過出人意料之外的是，由於我們商業策略的力量和我們的成果，這次崩盤對投資者參與我們私人股權配置的熱度，並沒有產生什麼實質的影響。在「黑色星期一」那個早上，我們的訂購預約金是兩千三百萬美元，而幾天後結束交易時，實際金額是兩千一百多萬美元。

在數千萬筆應該完成的交易中，我們的交易眞的完成，因爲投資者對我們有信心。這種自行籌資的方式非常適合我們。而在稍後的六月，我們公開上市，籌到三千萬美元，此時公司的市場價值大約是八千五百萬美金。

從一個念頭、一千美元和一間大學宿舍的寢室開始，我們在三年內達到這個成就。

學到的教訓，以及還有得學的事

寫下那份私人股權配置備忘錄十二年之後，現在重讀覺得分外有趣。我們現在是一家一百八十億美金的公司，但當時賜予我們競爭優勢的那些關鍵實力，到現在絕對還是主導我們生存的中心要素。

我們學到了找出自己的核心優勢。在公司成立的最初，我們就已確定，要以提供絕佳的顧客服務及產品來贏得聲譽，因爲我們認爲，把生意純粹建立在成本與價格之上，絕不是永續的優勢，遲早會有人推出更便宜、製造成本更低的產品。眞正重要的是維持顧客和員工的忠誠度，而這唯有藉由擁有最高水準的服務和最佳表現的產品才能達到。

我們投注了很大的心力，去了解如何能提升顧客滿意的程度，究竟是答覆電話的時間、產品的品質、有價值的特色，還是產品使用的難易度？我們動員全公司上下——由生產部門到研發、銷售和後勤人員——來了解顧客的需求，這成爲公司管理部門、訓練和員工教育的長期重點。

我們學著不理睬傳統制式的智慧，而以自己的方式做事。我們在一九八七年完成私人股權配置時，有位著名的產業分析師說，我們的收入成長絕不會超過一億五千萬美元。其實，他少掉了幾個零。

做些大家認爲不可能成功的事，其實很有意思；達到一些預期不到的成就，也很令人興奮。有很長一段時間，我們的競爭對手認爲我們不具任何威脅，這反倒提供了我們更好的機會，得以用我們的成就嚇嚇他們。

最後，我們學會見機行事。我當初認爲可創造更有效率的商業系統的機會，後來在某個程度上，革命性地改變了電腦業做生意的方法。

我們在一九八六年的腦力激盪會議中，曾預期一九九二年的收入要達到十億美元。在那個時候，這似乎是一個遙不可及的目標。但事實上，一九九二年，我們達到這個數字的兩倍。

直接模式讓我們獲得意想不到的大勝。但在現今競爭的世界裡，光有絕頂聰明的商業模式還不足以創造出持久的優勢。在接下來的幾年裡，我們體驗到，創業階段還沒有學到的事，和我們已經學到的教訓，差不多是同樣重要的。

我們很快就會面臨到足以嚴重威脅公司生存的挑戰。

註釋

①回想起來，我很高興看到我們過去所有的願望幾乎全部達成。只有一件事沒做到：我們希望顧客可以和機器人談話，而機器人的聲音則邀請法國知名女星凱薩琳・丹妮芙來錄音。

3

如果你違反三項黃金律

第一個大挫折：庫存過量

我們付出很大代價，才學到一個教訓：

每一個新的成長機會，都伴隨著相同程度的風險。

我們實在很難想像，成功接踵而來，

但成長居然會在這個階段變成我們最大的致命傷。

爲了解決問題，我們竟叛離了三項戴爾的原則。

有人說「過猶不及」。這句話最能在我們身上成立。在一九八〇年代晚期至九〇年代初期時，戴爾經歷了最主要的成長高峰。我們的年度銷售額總成長率達百分之九十七；而淨收入的成長更快，總年度成長高達百分之一百六十六。在這個階段看起來，成長似乎是我們最強的優勢——在某個程度來說的確如此。但那時戴爾電腦還很年輕，我們並不了解，自己只知道追求成長，對其他的事一無所知。而成功接踵而來，實在很難想像到了某個程度之後，成長會變成我們最大的致命傷。

我們已經以系統化的程序建立起公司：以最快的速度、最具競爭力的價格和完善的服務為後盾，提供顧客所需要的高品質電腦。而且相較之下，我們當時還算小公司，也因為如此，成長的機會似乎是無限的，我們也習於不斷追求成長。

我們並不知道，每一個新的成長機會，都伴隨著相同程度的風險。我們付出很大代價，才學到這個教訓。

摒棄存貨

不管面對顧客、員工、供應商，戴爾成立的前提都是採「不過度承諾，但超值遞送」的原則。我們的名聲，一部分也來自我們良好的庫存管理，因為我們的方式可以提供更快的服務，讓顧客享有更實惠的價格。所以，當我們一九八九年經歷第一個重大的挫折，原因居然與庫存過量有關，不免讓人驚訝。

由於我們慣於追求任何一個可能獲利成長的機會，所以業務量增加得非常非常快速。很自然的，我們把這現象看成是正面的象徵。爲了符合需求量，我們當然必須購買零組件，而在所有零組件當中最重要的就是記憶體的採購。但我們當時並不像現在，只採購適量的記憶體，而是買進所有可能買到的記憶體。

熟悉「供應鏈管理」這個概念的讀者，一定已經想到接下來發生什麼事情了。我們在市場景氣達到最高峰的時候，買進的記憶體超過實際所需，之後價格卻大幅滑落。而屋漏偏逢連夜雨，記憶體的容量幾乎在一夕之間，從二五六K提升到1MB，我們在技術層面上也陷入進退兩難的窘況。

我們立刻被過多且已乏人問津的記憶體套牢，而這些東西花了我們大筆的錢。這下子，我們這個一向以直接銷售爲主的公司，也和那些採取間接模式的競爭對手一樣，掉進了存貨的難題裡。

對於物料價格或資訊價值容易快速滑落的產業而言，最糟糕的情況便是擁有存貨。而現在所有產業都怕存貨，包括電腦業、航空業和時裝工業等。比方在電子產業裡，科技改變的步調之快，可以讓你手上擁有的存貨價值在幾天內就跌落谷底。而在資訊產業，資訊的價值可以在幾小時、幾分鐘、甚至幾秒鐘內變得一文不值。金融市場也一樣。我們業界有一個同儕喜歡說，存貨的生命，如同菜架上的生菜一樣短暫。

而當你還不是某個產業的領導者時，管理存貨更是件辛苦的事。在一九八九年，我們的供貨關係不像現在這般完善，可以讓我們在碰到情況時能以較緩和的方式與供應商協調。此外，我們還未具備現在已擁有的預測能力，也不像現在一樣懂得摒棄存貨——而這個觀念得以產生，多少要歸功於這次的經驗。

結果，我們不得不以低價擺脫存貨，這大大減低了收益，甚至到了一整季的每股盈餘只有一分錢的地步。為了補貼損失，我們必須提高產品價格、減緩成長速度，以及暫緩到新國家成立分公司。而這也是公司有史以來，第一次無法提供免費送貨的服務。我們有存貨問題這件事，很快變得衆所周知，我們簡直不敢置信①。

存貨的問題對我們而言，絕對是一次重大的省思，迫使我們調整脚步，並且重新發現存貨管理的價值和重要性，而這教訓成為我們今日成功的一大基石。我們從這次的經驗裡學到，庫存流通不僅是致勝的策略，更是必要措施，它有助於抵抗原料的快速貶值，而且現金需求較少，風險較低。我們更進一步要求自己，必須學會預測發展，並懂得運用預測的功能。現在偶爾有人會問我，我在那個時候會不會害怕。當然害怕。我擔心，萬一顧客、員工、股東失望，我會失去他們的信任。而這也是我第一次有某種恐懼，我開始覺得自己也許衝過頭了。

「奧林匹克」教訓

第二個危機——我們比較喜歡稱它爲「教訓」，我就沒那麼有把握了。存貨的問題全盤地挑戰了我們身爲直接銷售者的能力，而「奧林匹克」的教訓同樣令我們困惑，因爲我們一直自豪於獲得顧客回饋，也一直以顧客意見爲努力的方向。

那時我們打算推出一系列名爲「奧林匹克」（Olympic）的產品——以我們現在的結論（帶點玩笑的意味）來看，那是一次「對於某種科技特點之重要性的誤判」。「奧林匹克」此名，便傳達了其龐大規模的含意，這系列是我們科技人員所謂的「一網打盡」式產品，產品線擴及桌上型電腦、工作站和伺服器，預計是可以從事所有工作的。奧林匹克計畫野心極大，是我們首次打算進行眞正大型的發展項目。這個計畫在當時看似合理，因爲我們以爲可以在那些產品的市場上把自己若干重要長處加以資本化。可能性太過誘人——如果可以順利完成「奧林匹克」計畫，我們便可因創造出空前廣泛的產品線而在產業版圖上佔得一席之地，並且獲得極大幅度的成長。

我們當時沒有考慮到，我們完全不需要這種尖端科技。

懷著極度興奮的熱誠，我們開始向顧客介紹「奧林匹克」計畫中我們自認最炫的特點。然而他們並不特別興奮。

他們說：「這套系統有些地方的確令人耳目一新，但整個產品並不是那麼吸引人，我不會購買。」我們不敢相信竟會聽到這種說法，老實說，我們根本不願意相信會出現這種反應，所以一開始我們是不接受的。我們繼續準備原型，想在一九八九年十一月的Comdex年度貿易展中展出。在展場上，我們用了一些花俏的手法，介紹新產品出場。

而我們的顧客卻說：「那又怎樣？我們不需要這麼多科技。不過還是謝謝你們。」

我們知道，以技術層面而言，這個產品線絕對合理，它有著堪稱偉大發明的概念，相當於日後發展出來的、結合繪圖和磁碟機的科技。然而，光這樣是不夠的。我們那時無法說服顧客去買他們不想要的產品，現在也還是沒有辦法。所以我們取消了「奧林匹克」產品系列的上市計畫，也承認錯誤。以企圖和目的而言，我們的確跑過了頭，我們做出的是純爲科技因素而發展的科技，而不是以顧客需求爲考量的科技。如果我們秉持一貫作風，事先徵求顧客意見，了解他們的需求，便可以省下許多時間和事後的憤怒。

從這些錯誤的步驟中，我們得到兩個非常有價值的教訓：不管在哪一個產業，都應該及早找出潛在的問題，然後盡快修正；另外，在發展的過程中盡早讓顧客參與，他們會是你們最棒的意見小組。不但要盡早傾聽他們的意見，而且要仔細聽。

我們同時也學到，所謂的「霹靂式產品開發」，並不是我們應該涉入的領域。反之，針對每一條產品線進行逐漸增強的改進，比較適合我們。會產生這種想法，原因有二：這樣做不但能降低風險，並且可以在快速的科技轉變中取得較大優勢，提供目前市面上最快、最好的零組件。以大局而言，我們開始了解到，必須調整投資步調以配合成長。而在財務狀況上，儘管我們曾有過很好的財務狀況，但並不是以暴發戶的方式起家，所以必須審愼思考，以長期發展而言，什麼機會對我們最爲有利。

「奧林匹克」經驗的確讓我們重新修正研發方向。這個產業的傳統方式是：我們先建立起某產品，別人自會迎頭趕上。但我們現在不想先做出某項產品，再對其寄予最大期望，而是把眼光放在顧客身上，針對他們眞正的需求和意見來設計產品。

這次的經驗也改變了很多事。首先，我們開始思考並討論所謂「相關科技」(relevant technology）的概念，我們用這個辭彙來形容那些對顧客很重要的功能。另外，我們謹愼奉行「購買 vs.製造」的許多原則。有時候，把研發工作留給供應商來處理是最好的做法；

不過有時候應該由我們自己發明才比較合理。對我們來說，這個道理有助於引導決策，並且讓我們更能專注思考如何讓工程師把才能發揮得淋漓盡致。

由於「奧林匹克」專案的格局極大，所以我們招募了許多能幹的工程師，並發展出陣容龐大的中堅幹部。其實，我們取消「奧林匹克」專案時，大可輕鬆地說：「這些人發展出沒有人要買的東西，就把他們全部裁掉，重新開始吧。」但我們沒有這樣做。我們認爲所有的工程師事實上都非常優秀，只是還不知道我們顧客的眞正需求。我們相信，只要給予正確的動力、目標和方向，他們一定可以創造出顧客喜愛的絕佳產品。

但這樣的想法脈絡，以及「購買vs.製造」的概念，導致某些工程師產生了有趣的疑問。我們鼓勵工程師多花時間與業務人員相處，以了解顧客的需要；我們也讓工程師盡量參與產品計畫，讓他們可以了解決策制定過程的邏輯；還讓他們練習思考自己的付出對整個公司的貢獻何在。有人抗拒，他們說：「我不想做這些事，我只想設計晶片。」也有人非常高興。不過，要聰明的技術人員跳脫科技的範圍，教他們從顧客需求的角度去思考事情，不是件容易的事，而且很花時間。但最好的方法，就是讓他們接受採購過程的洗禮，並且參與整個判斷如何爲顧客創造價值的決策過程。看著一個十分優秀的科技人才逐漸了解公司運作方式的所有層面，眞讓人有意想不到的滿足。

「奧林匹克」企劃最糟糕的地方是野心太大，但吊詭的是，這也是它最棒的一點。整體看來，奧林匹克計畫不管在規模或概念上來說都太過龐大，但事實上，在過程中的確產生了一些絕對有價值的發明。

「奧林匹克」案讓我們在科技和產品開發的組織方面累積了足夠的資源。在把研發組織的重點轉移到相關科技，並決定了不必自增製造哪些東西之後，我們得以在接下來的幾年裡推出一系列極富想像力的優良產品，帶來極大幅度的成長。事實上，放棄「奧林匹克」計畫的幾個月之後，我們就推出公司最大的單項產品。這項新計畫包括了我們第一個高品質的立地式系統及先進的儲存裝置選擇，兩者都是在「奧林匹克」計畫的過程中發展出來的配合科技。感謝我們的顧客，使我們把一個可能導致大災難的錯誤轉變成絕佳的機會，並且把公司推到科技發展的最前線。

成長乎，不成長乎

從一九九〇到九二年，在擺脫了存貨的問題和「奧林匹克」的滑鐵盧經驗之後，戴爾電腦享受了三年的連續成長。直接銷售策略非常成功，成長率從每年的百分之五十增爲百分之百，而獲利率也達到百分之五②。公司此時推出新的桌上型電腦和筆記型電腦，並首度攻略伺服器市場。我們已拓展到西歐和中歐各地，也準備進軍亞洲市場。

我們的潛力似乎無限——

天知道！我們對於即將到來的事物眞是準備得太不充分了。

現在想起來，要談論管理快速的成長說起來容易，但在日常營運上很難注意到成長的速度有多快——或多慢。走進辦公室，與顧客討論，致力於發展新產品，擴展到其他國家，在做這些事的時候，不會忽然有警報器響起，不會有人在走廊上奔走大喊：「你長得太快了，快停止！」事實上，當事情發生的時候，似乎是以慢動作的方式產生。

但是，總有產業的動力在進行，讓我在成長率一路提升的時候，不免有些擔憂。而這與整合鞏固的可能性有關。

在美國，企業的顧客會試著縮小選擇的範圍，他們不想從八家不同的個人電腦公司中挑選該買誰的東西。消費者對於品牌和服務的判別能力愈來愈敏銳。放眼全世界的電腦公司，有些公司實力堅強，可以靠自己的力量存活；有些公司的產銷系統很強；有些則提供很強勢的品牌。但是像荷蘭的鬱金香（Tulip）、義大利的奧利維提（Olivetti）或德國的西門子（Siemens）等公司，多半只是「在一國獨大的公司」，所生產的產品只針對當地市場，並不具全球競爭力。

我們相信，這樣的公司終究會在個人電腦產業的整合中消失。而我們的公司規模不夠大，所以很擔心同樣的命運也會發生在我們身上。

在這緊要關頭，我體會到我們必須下定決心：到底是要維持現有的規模，面對必然的結果；還是追求大幅的成長？我們在那時候已有十億的銷售額，但這不是重點。我們成長的幅度還不夠大，不足以讓我們在市場眞的開始整合時，就達到在全球市場競爭的規模。而顯而易見的，整合的時代很快就要來臨。

如果我們當初維持規模，便無法有足夠的量來分攤發展成本，如此一來，成本結構便會偏高，我們將不具競爭力，很容易成爲風中塵埃，消失無蹤。

我們需要新的作戰計畫，而且要盡快擬定！

堅守專精的項目

很顯然的，我們選擇成長——大幅躍進式的成長。

我們成長的策略之一，是選擇踏進零售管道。我們一向很淸楚自己的核心專長在何處，但在決定進入零售時，並不是出於堅定的想法，而是因爲我們非常驚慌。在這個階段，我們所有的競爭者都是間接透過經銷商或零售商銷售，儘管他們也擔心整合的問題，但他們當時的規模都大於我們，當然也比我們成熟穩固。而且市場上傳出風聲，認爲戴爾電腦如果光倚靠直接銷售，絕對不可能維持成長，唯有結合零售管道來販售軟體、周邊設備、電腦等，才有生存的機會。

我們違反了三項戴爾黃金律的其中兩項，一、摒棄存貨；二、不斷聆聽顧客意見。而現在我們又要叛離第三項原則了：絕不進行間接銷售。

我們並沒有堅守我們固有的信念，反倒聽從他人的意見——至少我們聽從建議，決定在新領域實驗一番。我們開始透過CompUSA（那時候叫Soft Warehouse）、「低價會員店」（Price Club）及「山姆之家」（Sam's）等大型店面銷售電腦。我們的電腦在這些賣場和若干零售店的銷售成績很好，不過我們還不知道是否眞的從這些地方獲取了利潤。

我們花了很多年，做了很多功課，才眞的體會並且珍惜過去採用直接模式的優點。正當我們了解到，直接模式事實上是我們在市場上的區隔特色時，我們在一九九一年又發現另一項區隔的特點。那一年年底，我們把我們所有的桌上型電腦改裝，全面採用英特爾四八六處理器。

這個時候，處理器功能的新層次開始推動著整個產業的成長。大約在同一段時期，微軟的Windows也開始眞正迎頭趕上，贏得非常強勢的市場滲透效果。顧客需要也希望擁有更強力的電腦，以便能夠有效執行視窗軟體。

由於我們已經把所有的電腦都改爲四八六系列，所以發現自己佔有眞正的優勢。不過我們也體認到，沒多少機會可以加速成長率並讓公司衝刺。同時我們聽說，競爭對手將要推出較低成本的個人電腦，有些也將要開始採用直接銷售。必須趕緊採取行動。

我們在一九九二年採取了積極的定價策略，試圖促進成長率。而我們也達到了目的。僅僅在那一年之內，我們從八億九千萬美金成長到逾二十億，達到百分之一百二十七成長率的天文數字。我們當然知道有所謂成長太快的問題；但我們也知道，如果不這樣做的話，可能在有機會討論這件事之前，就已經關門大吉了。

到了一九九二年年底，我們成長得太迅猛，收入超過二十億美元，但公司的基礎架構仍是一家五億公司的規模。幾年前所設立的每一種系統，現在都已不合用；電話系統、財務結構、支援系統，以及零組件的標號系統，都無法負荷業務量。而製造部門的系統也已盡量擴展，早已超過原本的產能。最重要的是，公司裡面沒有人曾經營過一家價值超過二十億的公司。我們完全趕不上自己快速的成長脚步。

到這個時候，我很淸楚知道，我需要幫手了。

註釋

①從那之後，我們從存貨管理最糟的公司一路提升，成爲處理得最好的公司。

②和競爭對手比較起來，百分之五的獲利其實偏低。但他們的成長率不及我們。我們覺得，在發展過程的那個階段，我們比較需要的是一個成長策略，而非一個擴大利潤的策略。

4

唯一的一季虧損

「本年度扭轉乾坤的總裁」

我們並沒有浪費時間，一味否認眼前已出現問題，
也不曾試圖尋找藉口搪塞，因爲導因非常明顯了。
我們從過去大大小小的經驗中學到教訓，
馬上放棄無謂的掙扎，迅速著手修正問題。
錯誤是最好的導師，重點是要眞正從錯誤中學習。
我們公司迄今只有一季虧損。原因何在？
因爲，儘管誰都會犯錯，但是戴爾「不貳過」。

如果我們當初維持小型電腦公司的規模，現在可能已經被消滅了。

然而，快速的成長同樣會引發問題。如果在一開始實力還不夠堅強的時候，就貿然建立一個足以支撐三十億美金公司的基礎，肯定會被拖垮，結果你永遠達不到三十億的規模。必須對自己有信心，也必須對時機有信心，在成長過程中逐步增強基礎建設——這是我們的做法，而我想不出其他更好的方法。

我們和許多公司一樣，一直把注意力擺在損益表上的數字，但很少討論現金週轉的問題。這就好像開著一輛車，只曉得盯著儀表板上的時速表，卻沒注意到已經沒有油了。

我們從只牽涉到一、兩個市場的簡單行業起家，進而擴大爲全面性的企業，有了更多代表性的產品、通路和地區。不管是當時也好，或甚至在很長一段時間內，我們並不了解其他產業的經濟形態，也沒有現成的系統或管理架構來監督這種種業務。我們不斷花錢，而此時獲利率卻開始下降，同時存貨和可收帳款也愈堆愈高。

到了一九九三年初，我開始覺得彷彿只聽到壞消息。經過多年的成功，以及前幾年奮力控制各種風暴的努力之後，我不禁想：「到底怎麼回事？爲什麼會這樣？」

幸好，我們並沒有浪費時間，一味否認已經面臨問題的事實，也不曾試圖尋找藉口搪塞，因爲其實導因非常明顯了。我們從「奧林匹克」專案的經驗，以及之後大大小小的問題中已學到教訓，馬上放棄無謂的掙扎，迅速著手修正問題。

修正的方法之一，乃是聘用米瑞迪思（Tom Meredith）。我們在一九九二年十一月，從昇陽公司（Sun Microsystems）把米瑞迪思挖角過來，請他擔任新的財務長。在面談時，他警告我，戴爾公司遲早會跌入谷底。我當時已經知道問題存在，但還是笑他太過大驚小怪了。不過，到了一九九三年，情勢證明他似乎是對的。

一九九三年初，我們已準備要發行第二輪的公開募股，以便有更多的流動資產。但股價跌到每股三十點零八美元，於是我們決定取消增資計劃，這樣一來，也就無法解決我們的現金週轉問題。接著，我們公布了公司有史以來，第一次也是唯一的一次季度虧損。

我們在營運過程中，一直假設自己可以成長得比市場更快，而且仍可達到百分之五的銷售報酬率。但是我們成長的速度實在「太」快了。我們知道，必須調整事情的輕重緩急了，現在需要追求緩慢而穩定的成長，致力於流動資產的問題。一旦現金狀況重新上軌道之後，便可以賺進利潤，重新加速成長的腳步。因此，戴爾新的營運順序不再是「成長，成長，再成長」，取而代之的是「資金流通．獲利性．成長」，依次發展。

爲達這目標，我們經歷了一段艱苦但意義深遠的過程。我們仔細地逐一分析事業中的所有環節，希望可以得到每一個「單位」的損益表。了解了公司各細部的經濟形態，再來鎖定最佳的機會和有待改進的地方。

我們訂下的現金流動、獲利性及成長等新重點，成爲公司上下的目標。所有經理致力於「現金和利潤的追求」，希望可以達到降低成本、增加銷售和促進現金週轉的計畫。我在管理會議上，發給大家一個金字塔形的壓克力紙鎮，上頭印有戴爾的公司標誌，並在每一側各印有「現金流動」、「獲利性」、「成長」的字樣。

現金和利潤的追求也很重要，因爲這迫使我們的經理階層開始爲整體的營運表現負責。現在我們不但要追求營運成長，還要運用成長後所得的資產，以達更大的利潤和效率。這個概念對某些經理人員來說非常陌生，一如要工程師去了解其它事物的商業面。

既是重新開始，所以我們願意做許多嘗試。在產品和科技創新的部分，當然還是以實驗和創新爲最優先。但是在商業考量的重點上，我們的任務非常明確：我們必須嚴陣以對。

一旦我們建立起明確的制度與評量方式，就能夠一眼看出哪一個項目營運不佳，進而視情況需要來改變策略。比方說，我們改變了資訊系統，現在業務人員以電話進行銷售時，產品盈利率的程度便一目了然。在銷售獎金方面，若依照過去的作法，兩個業務人員都賣出價值一百萬美金的產品，但一個可能有百分之二十八的利潤，另一個只拿到百分之八。經過改良的銷售獎金制度則強調盈利率，而既然利潤程度決定了業務員自己的獎金，他們當然都很熱烈配合改變。

我們也推動利潤和虧損的管理。要求每個營業單位都提出詳細的損益表後，我們才明白，事實和數據在管理複雜業務方面具有非凡的價值。壯大成熟的戴爾，成爲一家非常重視數據和損益表的公司，而數據和損益表，可說是我們進行所有事情的核心。

進入暴風眼

屋漏偏逢連夜雨。我們在處理現金週轉危機的同時，筆記型電腦的生產出了一些問題。這也是爲什麼我前面會說，在一九九三年初聽到的都是壞消息。

我們本是在一九八八年進入筆記型電腦市場，並且很快就建立起相當不錯的聲譽。一開始，我們賣的是配有英特爾四八六微處理器的筆記型電腦，那也是初期少數具備彩色螢幕顯示功能的電腦。我們也推出當時最薄最輕的次筆記型（subnotebook）電腦的機種。但是當我們的產品逐漸必須提升技術的複雜度時，我知道公司內部沒有足夠的能力做到及時推出產品，更別談做到正確的設計。

我們所遭遇到的第一個難題，是新產品的設計。我們在筆記型電腦方面的設計方式，和桌上型電腦的設計幾乎一模一樣，這就好像是把小孩當成個子迷你的大人。聽起來可能很奇怪，但會變成這樣，的確是因爲有些桌上型電腦部門的工程師轉調到筆記型電腦部門。

這當然不是正確的設計方法。桌上型電腦的設計和筆記型電腦不同，桌上型電腦大約需要三十到三十五種不同的零組件，而筆記型電腦所需要的零組件數目則是兩倍之多；這些零組件在桌上型電腦的組合運作方式，和在筆記型電腦中的方式也不盡相同。

到了一九九三年四月，我們聘請了邁迪卡（John Medica）來負責筆記型電腦的部門，他曾經領導蘋果電腦的 PowerBook 筆記型電腦的開發計畫。他到公司的時候，我們已經取消了一種產品的生產計畫，但有幾種產品正在發展階段，而設計的時間似乎超出預期①。邁迪卡到戴爾公司上任後的第一個工作，就是對每一個在發展階段的產品進行合乎實際的評估，因爲他想先有概念，知道哪一個產品接近完成，而花費這麼長時間的原因何在。

結果他發現，我們正在發展的產品當中，眞正具備競爭力的，只有 Latitude XP 一項。我們顯然進退兩難。到目前，筆記型電腦的銷售很明顯地有助於匯集現金，提高獲利率。把設計中的產品中途喊停，不但很痛苦也很浪費經費；但又不能推出設計尚未成熟而顧客不喜歡的產品。我們心知肚明，如果要修正產品，表示得經過重新設計、證實新設計的可行性、製造生產、推出問世等過程，這會很花時間。等到眞的把產品送出門，大概只趕得上產品在市場生命週期的尾巴了。

看來，那的確是個毫無贏面的情況。所以我們接受邁迪卡的建議，狠下心來痛下決定。我們取消了幾種發展中的產品，而轉把精力投注在唯一存留的機種上。

儘管如此，我們絕不考慮完全退出筆記型電腦的市場。當時的筆記型電腦市場，是整個電腦產業中成長最快、獲利也最高的部分，而且有許多顧客等著我們完成承諾。不過，我們的窘態還是維持了好一陣子，手上產品不是舊機型就是尚未生產的計畫，沒有任何新東西可以賣。如果顧客要看我們的筆記型電腦，我們只能回答：「我們現在沒有任何東西可以展示，但很快就會有新產品問世。」接著我們會解釋，我們在修正筆記型電腦方面的生產計畫。

此時公司其他環節順利運轉，所以可以想像，筆記型電腦部門的士氣異常低落。工程師花費了許多時間，設計出的是被取消的產品；付出了努力卻沒有辦法開花結果，他們感到非常沮喪，深受打擊。

身爲公司的領導者，我做了我唯一能做的事。我重申對筆記型電腦部門的策略，並且鼓勵他們要振作起來，確保 Latitude XP 能按計畫推出。爲了證明我們對這個市場的重視，我們找了一個合作夥件，迅速發展出較基本的筆記型電腦，並且盡快問世，讓我們在回到快速成長之前，可以暫時安然渡過。

這樁全心發展 Latitude 的事件，對我們每個人來說，都是一次正面的經驗，讓我們轉移注意力，不再只想著自己把其他產品判處安樂死，那是很痛苦的。我們的工程師測試了新的設計方法和認證過程;製造小組負責生產、測試及運送產品;業務和支援小組開始學習最新科技的相關知識，重建與顧客的關係，聆聽他們的需求。

能從錯誤中重振旗鼓，最重要的工具之一就是溝通。你告訴設計師也好，告訴顧客或公司總裁也好，都開誠布公:「我們碰到問題了，內容如下……，發生的原因是……;而我們打算修正的方法是……。」這樣做，可以稍微減緩大家對於未知的恐懼感，而只注意情況本身。由於我們把解決問題的計畫，以明確直接的方式呈現在顧客和股東面前，所以沒有失去他們的信任。我們連絡每一位因筆記型電腦的問題而受影響的顧客，共同解決問題。我們向他們一一解釋:「我們即將推出新的產品。以下是我們的階段性策略和服務支援計畫……。和我們做生意你不用擔心，因爲……。」

一般人對這種做法確實大感意外。這可不是太空科技;在電腦產業,甚至其他產業中,很少有公司以如此直接的方式和顧客溝通。我們想傳達給顧客的訊息是:「你不只是我們一筆交易的顧客;你是我們終生的顧客。」

筆記型電腦所帶來的問題,說明了直接模式能提供給顧客的獨特好處;戴爾和顧客能建立起關係,是因爲我們值得信賴,而且不只限於一種產品或一個地區,而是所有的產品和所有地區。如果產品有任何問題,可以明確無疑地找到責任歸屬,由誰負責修理也毫無疑問。因爲有了直接模式,我們可以快速直接地與顧客接觸,結果便可以迅速解決問題。

筆記型電腦的問題,還凸顯出我們如何在公司內部運用直接模式。我們也與內部員工清楚溝通「三步驟」的策略,一如與顧客和股東的溝通。而我們與筆記型電腦部門並肩作戰,把精力投注在我們打算孤注一擲的產品上,也就是Latitude。回想起來,這次情況和上次的現金危機一樣,迫使我們把全神貫注於一項計畫,而不是成爲多頭馬車。這是一次解放的經驗。我們找到了向前邁進的順序,每一個人都知道自己該怎麼做,才能使Latitude一舉成功。

驚艷，推出

Latitude的推出，以及它令人驚艷的表現，還有另一個關鍵：鋰電池。

一九九三年一月份，我們在日本成立戴爾分公司沒多久，我和新力公司（Sony）的人員會晤。會中討論了新力已經發展出來的螢幕、光學磁碟及CD-ROM等多媒體科技。會議快結束時，一位年輕的日本人跑到我面前說：「戴爾先生，戴爾先生，請等一下。我是能源系統部門的人，我想跟您談一談。」

「能源系統？」我心想：「這傢伙該不會是想要賣發電廠給我吧？」

不過，我還是很有興趣，便留下來聽聽他想說些什麼。他拿出一張又一張的表格給我看，滿滿寫著關於一種新電池的功能，而這種電池稱爲「鋰電池」。忽然，我了解他的目的了，他想把鋰電池賣給戴爾電腦，供我們的筆記型電腦使用。

凡是使用過筆記型電腦的人都會說，他們最大的期望是能擁有電力壽命長的電池。在一九九三年那時候，大部分筆記型電腦裡面的電池，電力在兩個小時後都會耗盡。根據新力工程師的功能測試表格，鋰電池有潛力可以持續四個小時以上。

如果這個說法正確，我當然想把鋰電池裝在我們生產的每一部筆記型電腦中。

與傳統的鎳氫電池比較起來，鋰電池在電力與重量之間的密度更強。使用鋰電池可以節省半磅的重量，但能多出百分之五十的電池壽命，更不用說電池組還具備智慧，可以更有效地管理電力，能進一步延長電池的壽命。新力計畫把鋰電池的科技，運用在電力耗費遠不及筆記型電腦的大哥大和手提攝影機（Camcorder）上面。新力過去從沒有製造過我們想要的電池大小，對於我們所需要的電池組的數量也毫無設計經驗。而他們已經認定，筆記型電腦是他們進入新市場的絕佳機會。

鋰電池果眞成爲一項突破性的科技。以現在來看，似乎很容易就決定採用鋰電池，但鋰電池在那時候是一種嶄新的科技，因此是一項風險。由於我們的系統無法同時支援鋰電池和鎳氫電池，所以必須在兩種電池之間做一個抉擇；而雖然新力方面對於我們不斷提出的問題一直有很好的解答，卻沒有人敢說鋰電池一定能發展得多好。當然，鋰電池會讓我們與衆不同，這點毋庸置疑。而這項科技在當時仍然太新，沒有其他公司生產，以我們的需求量來計算，新力公司在供貨給我們之餘，不會有存貨賣給別的廠商，競爭者光是想取得這項科技，至少就要花一年的時間。如果一切順利，我們的產品將會在電池壽命和體積與重量上，佔有非常大的優勢。

配備了鋰電池的 Latitude XP 機種，在一九九四年八月問世。推出時，我們邀請了五十位產業分析家和記者，共同搭乘橫跨美國的班機。我們相約在紐約甘迺迪機場碰面，一人分配一部安裝了文字處理軟體並且充電完全的 Latitude XP 筆記型電腦，然後直飛洛杉磯。飛機在五個半小時後抵達洛杉磯，著陸的那一刻，Latitude XP 打破了電池壽命的所有紀錄。市場上對 Latitude 的需求，使得我們筆記型電腦的銷售量大增，原本在一九九五會計年度的第一季只佔系統收入的百分之二，到第四季已達到百分之十四。

很幸運的，筆記型電腦終於對我們的成長有所助益。不過我們知道，眼前還有更多機會。

比例超大的學習機會

爲了求生存，你會對於獲利與支出有一套完整的認識，以確保每天還能開門做生意。我特別記得一九九三年的某一段時間，我們終於認清，任何額外的成長對我們都沒有幫助，因爲我們並不是對於我們這一行所有環節的經濟形態都有足夠了解。這是公司發展過程中，腳步非常蹣跚的一段時期，因爲它截然不同於我們以往的風光。

但如果我們沒有經過那段學習的經驗，就不可能有今天。那時候的我們，必須超越公司成立之初的心態，先弄清楚接下來的方向，再迎接新挑戰。我們不但沒有強迫加速追求更大的成長，反而先踩煞車，免得衝過頭。我們先找出那些能讓自己發揮實力的機會，然後只追求其中最好的目標，而不是盲目追逐每一個看得到的機會點。我們也必須調整投資的腳步，以配合成長的速度，並且讓自己維持在一定的成長程度上，以確保可以滿足對顧客、員工及股東的承諾。這一段痛苦的日子，足以彰顯戴爾所秉持的「不過度承諾；但超值交付」的哲學。

在虧損的那一季之後，我們又以出乎所有人意料之外的速度，脫離赤字。然後，一九九三年底，《上方》（*Upside*）雜誌稱我爲「本年度扭轉乾坤的總裁」。

我心想：「謝了！希望再也不會得到這個封號。」

有人曾說，戴爾電腦和其他公司有一個最不一樣的地方。所有的公司都會犯錯，但是戴爾絕對「不貳過」。我們一向把錯誤當成學習的機會，重點是要從所犯的錯誤中好好學習，才能避免重蹈覆轍。以我們的例子而言，我們的失策是大衆明顯看得到的，而我們從中上了一課——我們有時候開玩笑說，那是一種「比例超大的學習機會」。我們很幸運，從教訓中找到方向，並且採行了若干措施，讓成長基礎更爲穩健。

註釋

①導致延誤的原因是功能緩慢，而造成功能緩慢的原因，是在一個產品上加入太多功能了，變成過度設計。

5

不再什麼都想要

從三億到三十億

曾有一段時間，我們不把精力拿來創造新產品，
而致力於改進及發揮舊產品的潛力。
我們的新點子向來層出不窮，但現在必須有節制。
大多數公司的發展和成熟的腳步比我們慢得多，
但他們在規模尚小的時候所學到的基本程序，
我們都不懂。
這時候的戴爾，必須回頭重新學起。

一九九三年，一個前所未有的經驗讓我們明白，集中焦點是多麼重要。如果一家公司的成長比整個產業還快，這固然很好，但是一年百分之一百二十七的成長率，很快便超出了有效管理的範圍。我們的問題不是業務縮減，也不是顧客不再光顧，實際狀況正好相反。我們的問題，是過度追求每一個機會。我們必須要學著了解，我們不但不必像過去那樣不放過任何機會，爲了整體利益而言，更是不能也不該再這樣做。

經過現金周轉危機與損益表概念的問題之後，我們漸漸明白，搞清楚不必做什麼事，和學會該做什麼事一樣重要。

從那年以後，公司每年訂下幾項「大而棘手且有膽的目標」①，當然還是以現金流動、獲利與成長的原則爲基礎。這些是公司希望在次年達到的主要目標，依照我們實現這些目標的機會大小，以及我們的實踐能力高低來排定優先順序。在一九九三年之後，我們必須循序漸進。當時重點放在內部基礎結構與市場機會這兩者，包括建立系統與程序、徵選訓練人才，以及鞏固筆記型電腦和伺服器部門的領導階層。

我們不再像以往那樣一頭栽進機會的深淵，而是開始腳踏實地尋求成長。曾有一段時間，我們不把精力花在創造新產品上，而致力於改進及發揮舊產品的潛力。我們的新點子向來層出不窮，而現在我們必須有節制。這對我和對公司其他人而言，都是很大的調整。我們用心衡量所有的新創意，評估新產品是否能讓顧客與股東都獲利，然後再仔細推敲這個機會值不值得戮力以赴。

大多數公司的發展和成熟的脚步都比我們慢許多，但他們在規模尚小的時候所學到的基本程序，我們這時候必須回頭認識。我們強調現金流動、獲利率與成長，這是正確的方向，但除此之外，我們還遭遇到一些文化上的挑戰。

事實爲最佳良友

我們所創造出的公司氣氛，一直是以成長爲重心，開會時常見到員工舉著大型的塑膠食指，高呼「第一等」，展現出我們企圖躋身全球三大電腦企業的決心。可是現在我們必須轉移重點，從向外發展轉爲加強公司內部。

對我們而言，所謂成長，指的是一種結合了我們特有的不拘小節的創業家精神，以及「肯幹」的態度和「能幹」的能力，因而帶動公司發展的方式。這表示要能在日常工作裡，充分發揮我們開始懂得利用損益概念的能力；這也表示員工要能夠以股東的角度來思考；這還表示要遵循戴爾的三大黃金原則：摒棄存貨，傾聽顧客需求，堅持直銷。

聽起來容易，我知道。有些最好的經營方式正是最簡而易行的。然而，即使是最簡單的做法，也需要時間來執行。

我們剛剛從一帆風順的時期，過渡到諸事不順的階段。事情平順時，沒有人會思考：是什麼方式讓我們成功的？爲什麼會成功？而想要整理出成功事件的因果關係，也比分析出失敗的原因來得困難。但我們必須做到，才能躋身全球獲利最高的公司之列。

一九九三年，我們知道自己缺乏這方面的知識。我們不完全了解公司的成本、收益與利潤之間的關係，對於哪些事值得經營哪些不值一顧，公司裡也有不同的意見，結果常常是依照情緒和一己之見來作決定。

對於「領導」這一件事來說，直覺判斷固然重要，可絕不能只憑直覺而不顧事實。在困境中，若沒有確切資料的支持，而純依情緒做決策，往往會帶來更大的危機。這正是我們當時的寫照。

有個很簡單的方法，可以判斷你是否基於情感來做決定。如果你遇到一項與預期大不相同的數據，這時你需要多久時間來調整思維？會不會不顧資料所示而拒不接受？接受新數據資料所需的時間愈長，表示你依賴情感的程度愈高。

我們學到的教訓讓我們明白，不能繼續在沒有翔實資料的狀況下經營，心態必須要做完全而迅速的調整。

我一向盡量找最棒的人才到我身邊工作，因為不管公司大小，一個領導人不可能事必躬親；事實上，光靠一己之力也不太可能完成任何事。擁有愈多優秀人才，對於領導人和公司愈有好處。公司在成長時，你離自己的強處與弱點都太近，因而很難保持客觀。有人說這是「相信自家廣告」，我倒覺得更像是「吸進自己的臭屁」！聽起來似乎不太健康，因為這的確不健康！

當自己因缺乏翔實資料而陷入糾纏不清的困境中時，外人的客觀意見特別有用。一雙不被日常支微末節蒙蔽的眼睛，更能看清眞相。

一九九三年的八月，公司面臨有史以來最大的危機，我擬了一份改進計畫草案提交給董事會，其中一項提議就是尋求外援。

那時我們知道公司裡有些產品賺錢、有些不賺錢；但不清楚到底賺錢和不賺錢的各是哪些地方，也不知其間差距多大。於是我們聘請曾經合作過的拜恩顧問公司（Bain & Company），再度為我們進行評估。身為拜恩公司主要合夥人的羅林斯（Kevin Rollins），負責戴爾的案子，便在這段時間內逐漸成為我們經營團隊中的重要一員。

我們以損益表為前提，與拜恩合作，把公司的營業結構做一番細分；依照這項分析，發展出一套評定的公式，判斷各業務項目的表現，並且加以比較，確認發展潛能，鎖定可獲利的重點，使之加速成長。一待確定了哪些部分表現不佳，便會在得到足夠資訊之後，判斷該如何改進；如果確定無法改善，便評估是否要降低虧損，予以裁除。

這項架構不但極有效率，也讓我們鬆了一口氣。

事實上，這項改革的重點，是對於管理階層的責任做一番清楚的劃分。有人也許懷疑經理人能否接受這種做法，事實上絕大多數的人都能配合。有少數經理的確不肯把事實資料當作日常決定的準則，而讓人很難過的是，這些人後來都另謀高就。不過以整體來看，這次轉變，爲公司與員工注入了一股新的生命力，公司文化宛如脫胎換骨。這是本公司第一次重大的文化轉變，我們特別謹愼地與員工、顧客及股東溝通，說明這次改變的意義。由於未來展望已然淸晰，這項改革得到了極爲正面的回應。此後，「事實爲最佳良友」成爲戴爾公司的座右銘。公司沒變，依然擁有原來的動力與精神，而我們從此更具備了做出明智決定的武器。

除此之外，我們還學到一項足以影響全公司基本結構的事。我們曉得，既然戴爾公司的成本結構深受「與顧客接觸」的活動影響，所以不單是損益表必須以顧客爲中心，連公司結構也必須以顧客爲主。其實我們並不是一家單一營運項目的公司，而是數種企業的結合體。爲了能符合各種企業的獨特要求，必須分散，並改變公司基本組織。

這當然不是小事。

幾十億的公司如何管理

如同其它許多公司一樣，我們依照功能來組織公司，分成產品發展、融資、市場行銷與產品製造等功能。但我們這個功能性的組織，其成長已經遠超過先前自設的功能範圍，而各項功能已經自行其事了。隨著我們的長大，漸漸難以一個整合的團隊方式來運作，不但沒辦法以一致的步伐前進，各功能性的部門反倒像戰國諸侯般四分五裂了。

各部門缺乏清楚的概念，又不知如何爲公司整體福利共同努力，逐漸變成各自爲政，只爲提升己利的小團體。在如火如荼的成長當頭，我們一時忘了最重要的價值：以服務顧客、股東與公司整體利益爲重。比如資訊部門會說：「我們是資訊部，任務是建立資訊系統。」而不是說：「我們是資訊部；以提供員工、顧客與股東之間的資訊流通爲任務。」這種極度部門化的結果，造成相關部門幾乎無法建立連結，產生對話，爲共同目標努力。公司各部門不但不能各司其職、各盡其能，並以整體爲重；相反的，公司成爲一個人人對權責斤斤計較的環境，大家會說：「這不是我的工作，這是他的事。」

從九億美金成長到三十億，我們不得不承認，原有的功能結構行不通了。我們根本無法確定公司整體目標是什麼，更別談達成目標了。

現在我偶爾會開玩笑，高中課程幹嘛不教三十億大企業的經營方法。可是在那段時期，問題可一點也不好笑。公司迫切需要改變，我個人迫切需要幫助。

一個公司成不成功，應當從它的策略與創意來評判，不應只看經營者的能力。作爲一名管理人員及公司最高執行長，我很清楚自己的優點與缺點。這幾年裡，我請渥克擔任最高執行長，在他一九八九年離職之後，他的職務就由我與其他幾位經理共同分擔。我發現我們需要金融管理人才時，便聘請米瑞迪思來助陣，而拜恩公司則是在我們需要客觀意見時外求的專業顧問。

我很清楚，除了聰明能幹以外，我們的運氣也很好。在美國，一半以上的創業者都熬不過我們所經歷的危機，科技公司更是如此。放眼望去，到處是曇花一現的例子。許多電腦公司若不是像煙火般炫爛一時便銷聲匿跡，便是創立者在成功之後即遭排擠，例如蘋果公司的賈伯斯（Steve Jobs），迪吉多公司（Digital Equipment Corporation）的奧爾森（Ken Olsen），還有康柏的康尼恩（Rod Canion），都是活生生的例子。

我們在幾百萬的規模時所用的管理方式，已經不足以應付當前的成長。我們現在是數十億的企業，需要的是能管理數十億的方式。

一九九三年年末，我已無法一手操控全公司了。許多大顧客需要我花時間相處；許多管理會議我想參加；我也想多聽演講，與大家分享；我還想多和員工接觸，來了解他們所面對的挑戰與困難，並能適時提供我的看法與協助，以求公司所有部門的進步與成長。我也希望自己能成長發展，維持均衡的生活，與我剛成立而快速成長的小家庭共享天倫。

在創業初期，你需要前人的經驗，幫助你未雨綢繆。像我們這樣的行業，最大的挑戰在於經常遇上前所未有的情況，這時就得在經驗、智能與適應力等三端尋求平衡。一個經驗豐富的人，可以明確告訴你，過去發生的事情前因後果如何；但是對未來的事，就像財務計畫表一樣，前期的表現與下一期的表現沒有絕對的關係。

最好的管理群是既有經驗又有智慧，同時能對多變的企業形態做出快速又有效的回應。因此，今天我們公司領導群的成員，來自不同背景，具備不同經驗和專長。

我和塔普佛（Mort Topfer）在一九九四年一月認識，他不是電腦產業出身，而是來自通訊業。剛認識時，他是摩托羅拉（Motorola）的執行副總，負責地面行動通訊產品與資料系統產品。不過他處理的產品及範圍，與我們大同小異，而且他負責的企業與當時的戴爾公司大小相當。還有另一項重要的事情是，在他豐富的經驗中，他經歷了當時企業由功能性組織轉型爲一般管理性組織的過程。我必須做出抉擇，究竟是要獨闖，或是邀請有經驗的人來提醒我前面路程可能有的障礙。這時我的心裡非常清楚。

戴爾公司需要塔普佛。

我和塔普佛多次會面，因爲我們兩個人對於這件事和這份關係都不想掉以輕心。我們花許多時間認識彼此，比較人生哲學，分享個人成長經驗，並摹擬策劃公司的現狀與未來。如果打算延聘某人加入公司的最高階層，雙方都必須能肯定這是個完美組合。於是在一九九四年五月，塔普佛成爲本公司的副董事長。

任何一家公司若想要成功，關鍵在於最高層人員是否能分享權力；高層人員必須把重點放在整個組織的發展，而非個人的權力擴張。對顧客與股東而言，大權獨攬不代表成功，只有達成公司目標才能帶來成果。領導人之間要互相尊重、保持溝通，在公司面對重要問題時才能同心。

我們公司面對的機會與挑戰極富戲劇性，難以判斷該由誰來處理；事情多得不可能由我或塔普佛當中的一個人獨自完成。我的焦點放在產品、科技與整體策略，塔普佛則關注運作、銷售與市場行銷方面的事。我處理顧客及其它外部事務，比方演講，或是與媒體或分析師會面；塔普佛則全心投注在預算及公司日常運作的責任上。

這樣的責任分工，到最後還是得有所交流，比方說，顧客關係與銷售是息息相關的。有時候我們還得交換每日行程。成功的關鍵，在於我們對公司每個層面的處理，能迅速建立起流暢而平衡的溝通。

無計畫者，必死

在遠程計畫這個領域，經驗與才智一樣重要。在經營新公司時，因爲還沒有過去紀錄可供參考，很難預測營利週期的高低變化。

現在回想起來，覺得以前實在天眞，不過我們在塔普佛加入之前，的確完全沒有長程計畫。公司「年輕」的時候，還沒有必要爲長程做準備，等到需要計畫時，又已經爲達成近程目標忙得焦頭爛額。一九九四年事件，最大的好處是讓我們可以重頭開始。當時我們總算是具備了堅強管理的基本條件，也就是說，自公司有史以來，我們第一次可以思考一年以後的事，開始研究公司的長程目標。

塔普佛指出「紀律」在計畫過程中的重要性，他也幫助我們明白，做計畫不單是每季的目標設定，而是持續的功課，而且計畫不僅是內部作業，還必須是一個與供應鏈、顧客與員工層層相關的完整系統。我們本就注重信用，這些理念便顯得特別有意義。

公司成立以來第一次，我們建立了一個龐大的三年計畫。在過程中，我們發現了組織、設備、內部結構及成長機會等關鍵問題。我們審視了公司產品在每一個國家的市場佔有率，並仔細評估日後的發展，同時也分析競爭者的成本結構，特別是比我們優勢的公司，以便了解他們成功的原因。我們得到一點結論：如果想提高公司產品在家庭及小型企業的佔有率，就必須在幾年內改變成本結構，並且在市場以更大膽的方式競價。同時，我們必須調整自己在這個市場區隔的產品策略，提高產品的功能和表現層次。

我們想出新的投資方向，也找出哪些地方應該積極、哪裡要謹慎。當我們向員工說明這些機會時，得到正面回應，而且一如當初對損益表概念那般熱烈。大多數的人見我們能把目標擺在二年、三年，甚至五年之後，而不是半年三個月，都對未來更感到有信心與動力。這種長程計畫給予員工彈性與空間，讓他們思考如何達成目標——目標之一是我們要在三年內，讓公司由三十億晉級到一百億，這更讓員工的士氣大增②。

公司上上下下都受到這種整合規劃的正面影響。在人事上，我們發現，未來數年內不但必須大量增員，還得擴充資深管理人才，以因應不斷成長的業務；在原料供應上，我們必須增購比九四年多出三到五倍的數量。由於不想超過供應商的能力，也不想用盡世界上平板顯示器（flat-panel display）的原料，我們要求採購小組與所有供應商共議，發展出三年計畫。

我們從銷售過程上了解到，若要使筆記型電腦的銷售量達到百分之三十的成長率，必須先有相對的製造能力與零件供給。

在策略上，我們總算是步上正軌了——那種感覺眞好。如何創造出一個既具有挑戰性又可達成的計畫？關鍵在於必須有可靠的資料。對於公司各部的資料愈是正確，愈能了解自己的長處和改進的空間。說我們的公司已成爲一個以資料爲軸心的公司，這話絕不誇張，因爲資料正是帶動我們在正軌上前進的引擎。回想起來還很難相信，但我們的確已經從一個萬事不分的公司，逐漸發展成一個在檢驗損益表時，擁有超過四百種不同分析法的公司。

當然，計畫執行以後，才眞的能夠知道那計畫到底行不行得通。好的計畫是什麼呢？好的計畫能讓你知道需要哪些要素才能成功；好的計畫能使全體員工同心達成共同目標；好的計畫能把顧客目標與供應商目標結合，並放在共同的焦點下。

這是每一個成長中的公司都該學習的無價課程。

註釋

①語出柯林斯（James C. Collins）與波拉斯（Jerry Porras）的一篇學術報告，用來比喻設定目標和優先順序時的原則。

②當時我們覺得這個目標眞是野心勃勃，但絕非遙不可及。過了這三年，我們大大超越預定目標，營業額達到一百二十二億美元。

6

以極高速低飛

只有八天的存貨量

既要降低存貨又要維持成長率，
便會在產品轉型到下一代的時候遭遇風險。
由於缺少了傳統模式當中的存貨量，
所以必須精確計算出，
從舊產品線到顧客對新產品產生需求的這段時間有多長。
公司內部有人擔心，這像是以高速在低飛，
害怕我們遲早會撞上障礙物。

沒有付諸執行的計畫，等於零。這個教訓，我們仍然是從錯誤中學到的。在九○年代初期，如果詢問戴爾公司裡面的多位產品經理，他們的產品是如何上市的，每一個經理會提出不同的答案。公司規模還小的時候，猶可用不同的發展程序盡快推出不同的新產品；但當產品的種類與產量急劇增加以後，我們漸漸發現，必須有一套標準化的行銷流程才行。

於是，我們聘請一家專門協助高科技公司組織產品發展流程的顧問公司，合作建立了一套最符合我們公司狀況的獨特階段性評估程序。然而，這並不是一蹴可幾的。因爲不能中斷目前產品生產的進度，所以我們花了幾年的時間，才眞正落實這項措施。不過，當我們員工從數千人激增到數萬人，產品也增加爲數百項時，這種訓練正符合我們所需。這套流程針對公司所有產品發展與推出的方式，創造了整個組織共同的語言和認識。這項階段性評估程序對公司的成敗關係重大，值得我們詳加說明。

我們先從一份跨公司部門的營運協議書著手，這份協議書定下了產品的特性和推出後預期在市場上的表現。每一個階段都有成效評估的標準；所有人員從一開始便須立刻進入狀況，從設計到製造，從財務到銷售，從服務到支援。這一種階段性的評估程序，成爲所有產品在發展過程中的重要支撐，因爲這程序激勵了各小組的責任感與榮譽心。

而我們現在也用這趟程序來進行財務規劃事宜。本來，擬預算與發展目標的重心就是在於財務規劃。在這過程中，我們依照自己的能力和所需的資源，對於市場潛力與發展機會做一番綜合評估。我們會參考來自全世界各國的所有顧客和產品方面的資料，從中判定自己在佔據市場、銷售生產力及其他營運項目上能達到什麼程度。這種計畫程序一方面由各基層事業體提出自認可以達成的目標；另一方面則是由上端管理階層決定哪些目標可以達成，也必須達成。這兩個由下而上和由上至下的過程，都非常非常重要。

我們發現，藉由共同語言及有效分享共同目標，確實可以增強組織結構，並讓全公司以更高檔的速度前進。像我們規模這麼大、成長這麼快的公司，很顯然不能採用傳統的功能性結構來分工，也不能完全採用分散型的管理模式。功能性結構往往造成各部門分散運作，責任歸屬不明；完全分散則又成了共同基金，不再是一家公司了。所以必須既維持功能的優越性，又做到責任分明。

爲達上述目標，我們創立了一種「雙主管」制度。負責財務、人事與法律事項等特定職務的資深經理，要與負責某地區事務或某產品線的管理人員分擔責任。比如說，在歐洲的律師必須向歐洲分公司的總主管報告，也要向美國總公司的總法律顧問報告。

常有人說，「一軍不容二帥」，或「矩陣式管理法行不通」。但事實上，這種雙主管制在戴爾公司成效極高。而我們成功的關鍵在於權限雖然重疊，責任卻一定分明。經理人員必須一起督促他們所共同管理的員工，也要分攤最後的表現結果，即使在技術上那是屬於他人的職責。我們經由正式的工作表現來評估經理人的績效。

這其實是一種制衡的系統，權責共享不但能成就共榮的態度，鼓勵合作，還能使得全公司都能分享不同的觀點與創意。雙主管制爲全公司帶來極大的能量與熱情，我們把所有能量化爲行動，透過所謂的「區隔化」過程來創造成長。

各個擊破

面對一個龐大的市場時，只有一個作法：先把市場分散，然後各個擊破。這就是我們區隔化概念的基礎。區隔化的做法讓我們在成長的同時，對個人消費者的服務也更有效率，而這已成爲公司的組織哲學。

大多數的公司以產品爲區隔單位，我們則是在產品區隔之外還加上顧客區隔。我們相信，每一個顧客的個別需求和行爲，決定了我們應該提供什麼樣的產品與服務。也由於我們採用直接銷售方式，所以若能了解顧客的特別需求，就更能提出好的服務。

事情得這樣看：如果你像我們一樣，依產品來組織規劃，你便必須假設，經營此項業務的人員對於購買你產品的每一個顧客都瞭若指掌——不只是當地顧客，而是全世界的顧客。這是一個很有企圖心的假設。如果說，某企業鎖定了某特定區域的特定種類顧客，對這些顧客有全盤的了解，這也許比較容易想像。

從公司成立以來，我們就知道會有許多不同的顧客類型，比方有大型企業顧客與一般顧客。不同的顧客群會購買不同的產品，而我們針對這些產品的服務就會有不同的成本結構，甚至需要運用不同的銷售模式。對大顧客的銷售模式除了面對面接觸與電話聯繫之外，還可使用網路；至於小型企業或一般消費者，我們則以電話和網路爲主要服務方式。區隔化的銷售概念，一開始是爲了更有效滿足不同顧客群的需要，於是我們成立了不同的銷售組織，專門了解顧客需求。後來，爲了因應成長，我們把顧客區隔爲大型企業、中型企業、教育機構、政府組織、小型企業，以及一般消費者。

這個概念超越了純以顧客年齡層或企業規模等背景所做的考慮。我們的區隔法，依據的是顧客的需求與實際購買行爲。顧客如何使用產品，是與他的使用動機同等重要的。

區隔化概念的威力，我們是在九〇年代初期從若干嘗試中領教到的。我們這個嘗試叫做「人性化個人電腦」（PCs for People）系列，包含五種產品，分別爲特定顧客群的不同需求而設計，包括「科技團隊」，這些人使用網路式電腦，作業性質多半屬於工作及團隊導向；另外有一類顧客對於電腦系統的要求比較高，不容出錯，傾向於獨立作業，利用電腦做圖像處理設計等比較複雜的工作。

我們也相信，由於公司把大部分的成本花在顧客服務上，所以依照顧客群來做區隔是正確的方式。顧客區隔化也表示，讓顧客滿意，是公司全體共同承擔的責任。某人也許負責對英國的銀行或大企業電腦系統的銷售，但是在他的小組中，會有人對於伺服器和記憶體產品十分了解，還有人能從顧客的實際情形來處理產品的技術問題。

雖然說我們以顧客群當成組織的準則，卻不表示我們只看顧客損益表。我們還會參考各項產品的盈虧。我們不但想了解我們在德國與大型企業和一般消費者的關係，也希望知道某些產品在全球各國的銷售情況。

區隔化並非新的概念。但是正如在戴爾公司的許多事情一樣，我們在區隔方面的功效得以如此卓著，全因爲我們採用了與衆不同的實踐方式。

超越銷售的區隔

一開始，我們採行區隔化，是爲了獲得最大的市場機會；後來逐漸形成一連串業務體，擁有自己的業務、服務、財務、資訊工程、技術支援與製造等功能。這是合理的發展。我們與顧客的直接關係，讓我們十分了解不同顧客的不同需求。區隔化的作法需要一套封閉式的回饋迴路，並且會使這套迴路更爲精簡密切，進一步加強與顧客的關係。

我們對於每一個顧客群的認識日深，則對於他們所代表的財務機會更能精確衡量。區隔化的一大好處，是讓我們能更清楚了解每一個顧客區隔的成長率、獲利率、服務品質與市場佔有率，並能據以調整行動。我們發現有些業務項目獲利很高，但成長很慢；有些業務則是獲利低卻成長快。這兩種情形都不理想，我們要的是成長快速又有合理獲利的業務。

區隔化，也使得我們能夠更有效衡量各營運項目的資產運用。這表示我們可以評估每一個顧客區隔的投資報酬率，並且與其它區隔做比較，訂定日後的績效目標。在我們想要發揮各項業務的全副潛能時，區隔化也成爲確認所需的最佳方式。

然後，我們把「人性化個人電腦」的概念發展得更細膩，把產品線做出區隔，以滿足不同的顧客群。我們以基本的桌上型電腦打頭陣。一九九四年，我們用 OptiPlex 系列投入企業市場，這個市場重視的是網路連線與平台的一致性；我們還創造了 Dimension 系列產品，以滿足對技術更有概念的個人與小型企業。那年二月，我們以 Latitude 四八六系列重新進入筆記型電腦市場，這一系列的產品區隔成兩條路線：Latitude 專供大型企業使用；而 Inspiron 則為家庭及小型企業設計。

成長過程中，我們不斷檢視業務，也不斷做區隔，以進一步掌握所有良機。比如我們發現，在大企業和小公司之間還有一些特殊需求；但如果我們堅持過去的二分法，只分成大型與小型，就不可能有今天針對中型企業的業務發展。最近，我們還把美國的教育機構分成中小學與高等教育兩個部分，因為它們有不同的產品與服務需求。

和一般以產品為中心的傳統公司比起來，我們提供的東西完全不同；關於此，顧客最清楚。所差者，就是服務。不管是對顧客未來技術需求的預測，或是快速又可靠地送貨與現場售後維修，我們都可以創造良好關係，而購買戴爾電腦便是個人化服務的保證。儘管有些人擔心，我們成長後會與顧客脫節，但事實證明，情形恰好相反。我們每一次把業務進一步區隔，便能更深入了解各顧客群的特別需求，我們的目標，是要做到比顧客更了解他們自己的需求。

區隔化的作法，解決了戴爾自創立以來的困擾：如何在逐漸擴大的同時，還能維持穩定而持續的成長。小公司要快速成長很容易，但大型企業要維持高成長率就比較困難。區隔化使公司規劃變得更為快速，每當我們確定有足夠的特定顧客群時，便會進行區隔，賦予它自己的經營團隊，並像一個小型公司般獨立作業。

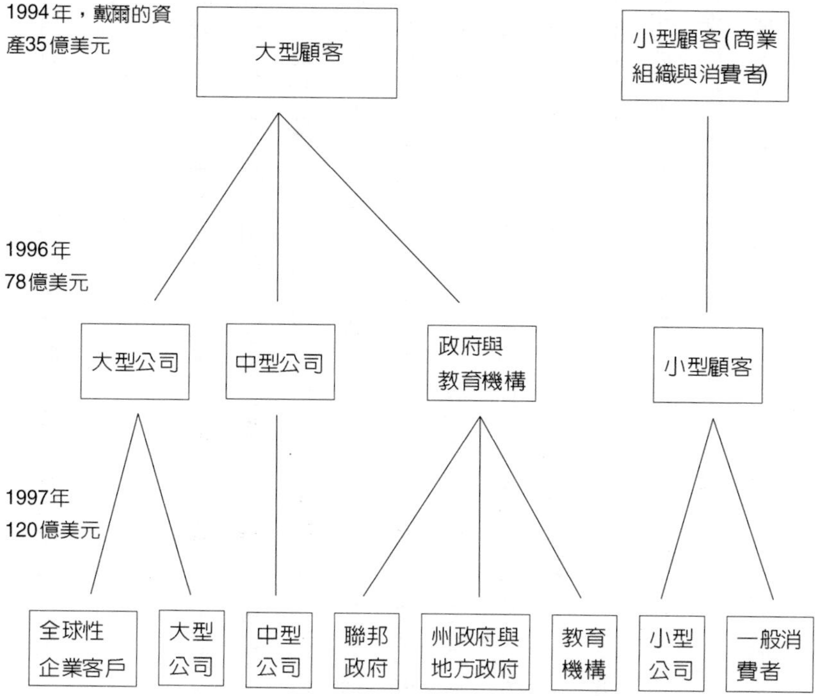

本圖取自《哈佛商學期刊》

與顧客虛擬整合的要素之一，便是區隔化。區隔愈細，戴爾愈能準確預測顧客日後的需求與其需求的時機。取得這種策略性的資訊後，便可與供應商協調，把資訊轉換為應有存貨。

把所有部門組合在一起，我們這個大公司便能有和小公司一樣高的成長率。

零售：先進先出

區隔化也讓我們再度重視資源的運用，精確地把資源只投在最有意義的地方。昔日過度發展的經驗讓我們明白一件事：**我們必須確定自己想把價值發揮在何處**。不過，在以循序漸進的有機方式區隔公司之後，塔普佛與我發現，還有一個問題沒有處理。

雖然我們忙於把焦點放在建立直接模式上，我們的電腦仍繼續在零售市場上銷售。如果還有什麼地方需要進行損益分析的話，那必然是零售的部分。

值得一提的是，在一九九四年時，電腦零售業景氣極佳，成長率達百分之二十。當時我們已經在CompUSA與Circuit City等全國性連鎖店銷售電腦四年了。而在我們的競爭者大力投入零售時，我們卻開始懷疑是不是該退場了。

塔普佛和我仔細研究了手邊資料，發現了一件驚人的事。雖然我們在零售連鎖店的電腦銷售成績非常成功，我們在這部分卻完全沒有賺到錢——連我們的競爭者也一樣！我們很仔細地研究，看看是不是可以從改變產品組合，或是降低成本等方面著手，以提高獲利率。儘管如此，還是找不到利潤的核心，於是我們決定以強硬的態度處理此事。

我們對經銷商發出書面通知，要求他們對這種業務狀況提出解釋。他們的垂死掙扎，是把零售地點擴展到威名超市（Wal-Mart）和上選（Best Buy）之類的大型綜合超市或量販店，結果還是無濟於事。

不到幾個月，就在我們剛剛大肆宣傳即將在威名超市銷售產品後，便完全取消零售部分的營運。還好，零售只佔公司營業額的一小部分。我憑直覺判斷出這是個正確的決定，而數據資料也支持我的疑慮。可是其他人並不這麼想。幾乎所有報導相關消息的媒體都渲染，說戴爾將會因為抽離零售業而大幅縮減公司成長。連產業分析家也都說這步棋下錯了，預測我們的成長將會減慢。儘管我們在公司內部做了許多結構性的改進，還是有很多員工懷疑，經銷零售在消費市場上也許仍然優於直接模式。

退出零售業，好處不在於改變我們的財務狀況，因為它的影響實在很小。它的價值是使得所有人把百分之百的精力完全集中在直接模式上，而這種專注，正是我們團結的力量。以往，我們產品部門的人員必須一心二用，同時支援直接與間接兩種管道。製造部門的人員也不確定究竟該為零售管道特別置廠，還是投資於直接銷售模式，因為兩者所需要的規格並不相同。業務代表面臨顧客服務與支援上的許多衝突，困擾也是出於直接與間接模式兩者並存。

很顯然的，零售業的經驗對許多員工來說不甚愉快，以前我們與顧客的關係始終很直接親密，但是由於我們試圖搶佔零售市場，不但製造了很大的疏離感，還令不少員工喪失了以往因爲與顧客建立了直接關係所得來的動力。

我們一結束零售的營運，便開始討論純正的直接銷售，員工們非常支持重拾直接銷售，他們也很感激這一次的進出零售的經驗，因爲它讓我們清楚認知到，和顧客的直接接觸是我們與衆不同的重要特質，這代表可以快速、有效且服務周到。我們終於了解，這正是足以讓我們日後成爲電腦業領導者的關鍵。

我們找到了眞理，那就是「直接」。

直接銷售模式：1.1版

想要逆轉業務危機，不能只靠區隔化與抽離零售管道，還需要集合每一分力量，以求把利潤推向最高點。在重新檢討了直接銷售模式後，我們了解到存貨的管理不只是最核心的力量，更是一大良機，而當時沒有任何競爭對手發現它的重要性。

我們在採行直接銷售模式的1.0版時，取消了代售的步驟，因而得以消弭加價的可能，以及經營店面的成本。到了1.1版，則更進一步減少了存貨管理低效率的弊端。

傳統上，產品到顧客手中之前，要經過一連串的銷售夥伴。打個比方好了，假設你有一家工廠製造一種四〇〇〇型的電腦，成品要先送到配銷處，由他們送到倉庫，再送到經銷商，然後由經銷商告訴消費者：「本店已有四〇〇〇型電腦！快來參觀選購！」如果消費者說他要的是八〇〇〇型，零售商只能無奈地說：「對不起，我們只有四〇〇〇型。」這時候，工廠仍舊埋頭繼續製造四〇〇〇型電腦，把存貨推向整個供應鏈。

結果，四〇〇〇型電腦堆積如山，沒人要。最後難免有人因存貨太多而來一場清倉大賤賣。零售商無法照建議售價販售產品，製造商便必須依照電腦業的慣例，履行價格保護政策，補償零售商減價的差額，這下子連成本都收不回來了。

使用這類冗長多重步驟配銷制度的公司，往往爲了出清過時的低功能產品，或爲達成公司財務目標，而讓產品塞滿了行銷通路，這種既危險又沒效率的做法叫做「往通路塞」。最糟糕的是消費者付了錢還買到過時的系統！

由於我們戴爾的製造量是直接按照顧客訂貨量而定，不會有因存貨過多而造成產品貶值的現象。我們和供應商合作，依照實際製造所需來進貨，因此原料存貨可減到最低。降低原料成本的優惠很快轉移到消費者身上，顧客開心，我們也因此更具競爭優勢，還能比競爭者更迅速地把最新的科技送到消費者手上。

這種直接的銷售模式，徹底顚覆了傳統的製造業模式。傳統的製造業強調必須有大量的原料存貨，因爲原料一旦短缺，工廠就得停工。但如果因爲不了解需求的劇烈變化，而不知道該生產什麼產品的話，就等於要冒著製造過量的風險，可能會留下一大堆沒有銷路的過時存貨。這可不是你要的。

直接銷售模式的概念與囤積存貨無關，而與資訊密不可分。資訊的品質與所需資產的數量成反比，在我們所舉的例子中，所需資產指的是過量的存貨。你對於消費者需求的資訊如果不足，就會需要累積大量存貨。所以，一旦你掌握正確的消費者需求，也就是知道他們要什麼、數量多少，那麼存貨量就可大大減少。

當然，存貨較少，等於存貨的貶值率較低。在電腦產業裡，當供應商推出速度更快的晶片、更大的磁碟機和頻寬更大的數據機時，零件的價格一定會下跌。假設戴爾擁有八天的存貨，相較之下，採間接模式的競爭對手擁有二十五天的存貨量，外加在產銷通路中的三十天存貨量，中間的差距便有四十七天，而在四十七天內，原料的成本會減低大約百分之六。

如此一來，假設你碰上了類似我們在一九八九年所遭遇的記憶體事件，陷入新世代產品的轉型期，就很可能面臨過期存貨太多而無法脫手的威脅。隨著產品達到其生命週期的末期，製造商必然擔心產銷通路中是否還有太多的存貨，競爭對手會不會拋售產品，毀掉所有人的利潤空間。這個問題一直困擾著電腦業，但我們用了直接模式，幾乎沒有這種擔憂。我們知道顧客何時打算接受新的科技，因此不必等到市場變得毫無利潤了才抽身。我們也不必故意抬高其他產品的價格以補貼損失。

最終的大贏家，是我們的顧客。

理想的存貨管理，始於設計的過程。商品的設計，應該要讓整個產品的供應鏈及製造過程都能以我們所謂的「速率」（velocity）爲導向，而非只追求速度。追求速度，意謂全速衝刺；而速率代表能夠節省過程中每一個步驟的時間。

庫存的速率，成爲我們熱烈追求的目標。爲達最大速率，設計商品的方法必須能以最少的零組件來滿足最大的市場。比方說，如果只用四種磁碟機就能滿足百分之九十八的市場，便不需要製造九種不同的產品。我們也考慮到低成本與高成本的零組件之間的差異。我們重新配置系統，使用更多低成本的零組件，而只用少數幾種昂貴的零組件，以求降低需要管理的零組件數。如此一來，便可增加速率，降低存貨貶値的風險，並且增進營運系統的整體健全。

我們也不斷挑戰自己，達到出乎意料的結果，把存貨減少到大家以爲不可能的程度。

在開始推動進一步的存貨減量時，我們內部產生某些質疑。我記得採購部門的負責人告訴我，這像是「以八百節的高速低飛」，他擔心我們會看不到障礙物而撞上去。

我們一九九三年的銷售額爲二十九億美元，存貨有兩億兩千兩百萬元；四年後，銷售額達到一百二十三億元，但存貨值只有兩億三千三百萬元。我們現在更降到只有八天的存貨量，而且開始以小時來計算，而非天數。

一旦你既降低存貨又維持成長率，便會在產品轉型到下一代的時候，遭遇到相當的風險。由於缺少了傳統模式中的存貨量，你就必須精確計算出，從舊產品線過渡到顧客對新產品快速產生需求的這一段斷層時間有多長。由於我們不斷推出新產品，因此如何避免在過渡時期犯錯而造成尾大不掉的後果，乃是重大課題。「過剩與過時」(Excess and Obsolete, E&O) 成爲戴爾的禁忌。我們會爭論，我們每部電腦的E&O究竟是三毛或五毛——每一部電腦的E&O只要低於二十元都算不錯，我們已到了以幾毛錢計較的地步，可謂接近完美的演出了。

結果，我們在每次過渡時期之後，都變得更強大，而每次的轉型也讓我們更具競爭力。我們不但產能增加，也因爲在逐漸擴大的市場中擁有更多產品種類，而增進了現金流量。終於擺脫了一九九三年那段每天只聽到壞消息的時期；現在每天都傳捷報。

終於走上正確的方向，也把事業帶向一個全新的境界。

以伺服器稱霸

到了一九九〇年代中期，諸事上軌道。由於區隔化策略的成功，我們得以在全球佔有重要地位。一九九五年，在美、加和拉丁美洲的銷售成長率幾乎是市場平均的三倍。我們也在歐洲十四個國家設立分公司，鞏固了我們在英國第二大電腦公司的地位，持續把直接模式拓展到法國和德國，展現超出平均值的銷售成績。我們還把觸角伸入亞太及日本地區，在十一個國家提供直接銷售的營運，而在另外三十七個國家也有產銷的結盟廠商。我們逐步建立起完整的系統與基礎設施，漸漸發展世界級的動力。

說來很難置信，但我們這時開始發現自己處於生死存亡的關口。整個產業繼續進行整合，我們被迫面對挑戰：如何把產品往桌上型電腦和筆記型電腦之外拓展。

經過思考，我們判斷，下一步合理的發展，是伺服器。

進入伺服器市場不只是大好機會，顯然也是競爭上必要的策略。各企業紛紛對內部網路系統及網際網路系統產生需求。這表示我們目前的顧客，包括精通科技的人、再次或多次購買我們商品的顧客等主要市場，將會考慮進行大型的採購。

大約在同一時期，電腦業提出對作業系統（Windows NT）及多重處理伺服器的產業標準，所以戴爾可以用這些標準爲基礎來發展自己的伺服器系統，並且省下了開發新專屬科技的鉅額投資——如果做了投資，這些開支是會轉嫁到顧客身上的。這也表示我們在進入伺服器產業時，不致招惹任何競爭對手。

我們可以透過直接模式來取得利潤，實際上，顧客也不必爲專屬科技而額外付錢。其實我們也別無選擇。伺服器的力量之大，足以改變整個營運環境。如果我們忽略其存在，市場將會由康柏、IBM、惠普三大廠商壟斷，我們則會被視爲不起眼的小角色，並且失去科技提供者的地位，營運空間會開始縮小。

我們的大競爭對手也會利用伺服器的高度利潤空間，來補貼其他像桌上型電腦和筆記型電腦等利潤較低的營運項目。如果我們不搶占伺服器市場，桌上型電腦及筆記型電腦的市場將會大大暴露在競爭攻擊之下。

我們在伺服器市場的機會，無異於最初在桌上型和筆記型電腦時的情形：藉由提供低價位的高效能產品，快速建立市場佔有率，同時強迫對手也降低他們伺服器的價格，打垮他們的利潤空間，讓他們沒有餘力補貼其他產品的虧損。

我們的策略，是要自己生產低階和中階的伺服器，並取得領先地位。同時，我們逐漸發展能力以提供更高品質的產品和服務。這代表要透過外勤業務人員、系統工程師、電話直接銷售及軟體和服務的結盟公司來創造需求；也表示要透過我們依訂單製造的模式來滿足需求，包括要在工廠內整合系統與軟體；更代表著要藉由完美的服務與支援，贏得顧客忠誠度。

這不容易做到。我們預估要取得百分之八的市場佔有率，才能成爲第四大供應者。爲達到這目標，我們必須在兩年以內，從現在每個月輸出一千兩百部伺服器的銷售率，提升到每個月一萬部。而我們也必須在接下來的三年內，逐年把數量加倍。我們必須說服顧客：戴爾的直接模式不但適用於桌上型電腦和筆記型電腦的銷售，也適用於伺服器——這是傳統思考中認定不可能的事情。

在一九九六年三月的會議上，我們向董事會解釋所有的計畫，獲得他們的支持；他們知道，強勢的伺服器計畫對我們的未來發展有莫大的重要性。

剩下來的工作，是付諸實行。

完善處理的風險

我們開始積極向大家溝通，爲什麼必須達成在伺服器方面的目標。我們發給全公司每人一封標題爲「麥克的話」的電子郵件，並且在辦公室必經的地方貼上海報，還在許多午餐聚會和公司交誼中仔細討論。我們安排了一個「戴爾聖火大會」，讓七千名員工聚集在奧斯汀市區的體育館，徹底了解這個重點。有人打扮成「伺服器人」在各棟大樓間走動，罩著斗篷，穿著緊身衣，胸前還有個大紅的S字樣，增加大家參加這個活動的興趣。我則手持與奧運同樣大小的聖火，跑步進入體育館，爲這個活動揭開序幕。

大家玩得非常開心，也達到很好的功效。根據在這個活動之後的統計顯示，百分之九十八的參與者了解我們在伺服器方面的策略，而他們的工作是使其發揚光大。

我們也教育我們的顧客。我在每一次的會議或演講中，都會特意告訴顧客，我們已經雄赳赳氣昂昂地進入伺服器的市場，並且告訴他們，最近在採購伺服器時，應該要求賣方向戴爾的定價看齊，這樣他們就算不選購戴爾的產品，至少可以爲自己省點錢。這樣做有一個好處：競爭對手最後會無法把補貼其他市場產品的成本轉嫁到消費者身上。

顧客不但非常感激這些建議，稍後也表示，我們進入市場的結果，讓他們在採購伺服器時省下一筆相當可觀的經費。事實上，我們推出 PowerEdge 伺服器的第一年，競爭對手已把價格降了百分之十七。

我們花了十八個月時間，擴充了建立伺服器業務的必備基礎設施，然後在一九九六年，以合理價格推出PowerEdge的單一與雙重處理器的伺服器，讓許多行業更能負擔網路運算的費用。我們的目標是希望在一九九八年底，在美國市場達到二位數的佔有率：結果我們在一九九七年中就達到目標了。到一九九七年底，我們已經從全球第十位提升到第四位：而到一九九八年秋天，我們已贏得全美第二位的寶座，超越IBM和惠普，取得百分之十九的市場佔有率。最特別的一點是，在伺服器業者當中，戴爾是唯一一家成長率超過市場平均值的公司。

我們再一次推翻別人的想法：他們認爲戴爾絕對無法透過直接模式來銷售伺服器。

回想發展過程中的起伏和我們在伺服器的成功，我很清楚，如果當初沒有大幅修正我們收集和處理資訊的方法，必定無法獲致今日成功。減慢成長的速度，正好可以讓我們想清楚，自己打算在哪一個方向再衝刺。我們研擬出更有效率的方法，來架構我們的獲利中心及實際的組織。我們退出零售管道，因而能專心拓展並加強直接模式的競爭優勢。我們也從與顧客的直接接觸當中，發掘出藏在從產品設計到庫存管理上的良機。

一直到我們坐下來好好研究我們各營業項目的經濟形態之後，我們才發現，眼前有無可限量的大好機會。

最棒的機會才要來臨。

7
寧可膨脹一個偉大概念

www.dell.com

我希望網路可以成爲我們整個企業系統的關鍵，
以及接觸現有顧客和未來顧客的第一站。
我們要把網路與自己的商業模式全面結合，
以便更快速有效地與顧客和供應商連結，
藉此簡化系統，讓商業過程能夠發揮最大功效。
我們製造的所有東西，名片、郵寄的箱子、包裹、信件、ROM-BIOS，
只要有公司名稱，就必須印上 www.dell.com 的字樣。
我寧可膨脹一個偉大概念的重要性，也不願低估它。

我常在想，將來會發生什麼樣的新發展，讓我們這一行完全改頭換面。這種事一定會發生，只不過還不知道是什麼樣的發展，也不確定它何時會來臨。可能是一項新技術、一種新作業環境或新市場，甚至可能是新的競爭對手。對戴爾來說，最重要的課題是：我們能看出什麼是這一個新發展嗎？我們有能力善加利用它嗎？我們如何處理產業中這麼一項無可避免的變革，將決定戴爾究竟只是一家好公司，或是一家眞正偉大的公司。

就我看來，毫無疑問的，網際網路可能會是徹底改變電腦業的發展之一。

回到未來

我剛開始對電腦發生興趣時，最先做的就是成立布告欄系統，以電子方式和別人聯絡。任何在美國境內的人只要有數據機，就可以上線，與任何使用者交換訊息。這些數以萬計的系統，造就了「美國線上」（America Online）和今日熱絡頻繁的網路用途。

我對網路的興趣始於一九九〇年代初期。那時候有一些思想前進的人，常常談起一個可以輸送資訊的電子網路，這時候的這些電子網路，主要集中在大學和政府系統裡。

網路交易在那時候僅限於訂購T恤。但我立刻想到，如果可以在網路上訂購T恤，那就表示什麼都可以訂購，電腦也不例外。最棒的一點是，網路交易要先有電腦才辦得到！我想，再也沒有其他更有力的發明可以如此拓展我們的市場。

在八○年代末期，我們討論過要開發一個系統，讓顧客能經由數據機下訂單和選配個人電腦的規格。考慮後的結論是，就當時而言，這樣做太困難也太花錢。那時有太多不同的軟體平台（大家並不是採用相同的標準平台），需要太多不同版本的程式，而這些都需要我們自己支援。

大約在一九八九年，事情開始有所改變。一位CERN的研究員，伯納李（Tim Bermers-Lee）發明了「全球資訊網」（WWW）。這是第一個實際的超文字（hypertext）系統，讓使用者和網路間的介面變得較簡單。到了一九九三年，伊利諾大學香檳校區的安德森（Marc Andreesen）等人發明了馬賽克瀏覽器，以全新的方式利用網路分享和交換訊息，網路也因而引起社會大衆的注意。瀏覽器是電子布告欄的自然衍生物，但規模大得多。和布告欄比起來，布告欄需要使用者自己創造，馬賽克瀏覽器則提供標準介面，任何使用者皆可連上網路。

我非常喜歡這概念，我喜歡只要打開個人電腦之後，就可以看到世界各地的動靜。我開始動手，馬上在家裡電腦裝上馬賽克瀏覽器，晚上小孩睡覺後，我總會花許多時間上網。

「全球資訊網」連結了我們與顧客，立即提供他們在購買及使用電腦方面所需的資訊。無論他們使用哪一種軟體平台都可行。更好的是，這些人幾乎完全符合我們顧客群的特色。網路立即吸引了對電腦有概念的人，這些人正是戴爾的主顧客群。我們知道，我們的顧客和潛在顧客，會是最先上網的人。

推出戴爾網站 www.dell.com

由於我們科技支援小組的協助，早已讓戴爾在網路上小小露了一下臉。早在一九八〇年代晚期，我們的技術人員就已架設起FTP系統，供傳送檔案之用。如果你是某個可上網的大學或政府組織的會員，你需要某個檔案，便可以到我們的FTP伺服器去下載這份資料。（我們現在把這視爲理所當然，但在當時可是一件大事。）

不過，FTP的網站除了協助顧客之外，對戴爾的品牌推廣並沒有任何幫助。由於很多廠商也提供相同的服務，所以我們也沒有辦法從衆多競爭者當中脫穎而出，更沒辦法開拓可以發展直接模式長處的機會。

然而，在全球資訊網上的網站，能夠發揮的功能應該不只是這樣而已。各公司在那時候開始探究全球資訊網的虛實，不過許多公司還不淸楚該如何運用這項工具，只有少數公司有自己的網頁，而大多只是用靜態的方式公告公司的年度報告、新聞稿及行銷的資料。大多數人對於網路的討論，僅限於把它當成一種資訊媒介，可以爲所有擁有個人電腦而且深知網路優點的人，提供大量的娛樂和加值的服務。

隨著瀏覽器和伺服器科技的安全性逐漸提高，再加上形成了幾個叫座的聚財網站，於是交易的需求量與日俱增。幾乎全球的產業觀察家都預測電子商業會突飛猛進。根據當時的一項預測，到公元兩千年，光是廠商對廠商的網路交易，將會達到每年六百七十億美元①。

我們在很早的時候就了解，網路意味著一個商業潛力的處女地，對我們這一行來說尤其如此；我們也知道，網路會是行銷品牌的絕佳商機。如果不早一步搶先建立起系統與服務的主要線上資源，對手就會奪得先機。

一九九四年六月，我們推出了戴爾的網站，www.dell.com，網站裡包含了技術資源的資訊，以及尋求支援的電子郵件（e-mail）信箱，主要訴求對象是熟知技術的人，因爲他們接受新科技的速度通常比較快。沒多久，他們告訴我們，希望能有一套個人電腦的不同組裝的費用計算方法。所以我們在第二年便推出線上組裝。進入我們網站的顧客可以選擇一套系統，再加上或刪除不同的零組件，比方像記憶體、磁碟機、影像卡、數據機、網路卡、音效卡、喇叭等等，然後馬上可以算出這套系統的價格。在那個時候，顧客還是必須與業務代表通話才能完成交易，但顧客已經稍稍嘗到電子式直接模式的好滋味。

我曾對於一般知識在網路上傳播的速度大感吃驚。那段時間裡，我們曾在3M公司開過一場很大的會議，而他們的資訊總裁對我說的第一件事便是：「我眞的很喜歡你們的網站。」我受寵若驚。像那樣早就收到的回餽，給了我信心，於是我確定：「網路將成爲主流，而我們必須在網路上得勝。」

直接的最終延伸

「我們應該要擴大網站的功能，做到線上銷售。」我在出席董事會的時候，做了以上表示。幫助我做這場說明的人，是我當時的執行特助依科特（Scott Eckert），他後來成爲我們發展線上業務的關鍵人物。我的基本概念：網路可以進行低成本、一對一而且高品質的顧客互動，最終會徹底改變公司做生意的基本方式。我非常知道，它將大大改變戴爾。

正如我所觀察到的，網路使得直接模式產生合理的延伸，創造出與顧客之間更強的關係。網路會取代傳統的電話、傳眞及面對面接觸，以更快速更經濟更有效的方式，提供顧客所需的資訊。

我們的顧客除了可以在線上研究產品、組裝、詢價、訂貨之外，還可以利用網路追蹤他們所訂的貨品的生產進度。如果他們有任何問題，可以到技術支援的網頁，找到我們技術支援小組所能提供的所有資訊。網路的確讓直接模式更直接了。

網路帶給戴爾的好處非常顯著。它適用於所有戴爾的顧客群，可以成爲進一步確認及鎖定不同市場區隔的有效工具，而且範圍可以超越美國，遍及世界。這也符合我們對可掌握的基礎建設的需求：網路交易一對一的特性，可以讓我們不必大幅增加人員，也能增加銷售量，因爲我們的銷售人員可以投注更多時間在較高價值的活動，而不必處理瑣碎的小事。

網路藉由增進資訊流通的速度，爲我們降低了成本，結果顧客也蒙受其惠。到後來，戴爾必須處理許多交易，包括訂貨狀況、組裝、價格等，每個動作都要花錢。但是在網路上，這些交易幾乎不用花費任何成本。現在每週上戴爾網站的人數超過兩百萬人，但不管是兩百萬人或兩千萬人，其成本差距非常微小。戴爾網站上每多一筆交易，就可以降低我們的間接成本，爲顧客省下更多錢。在增進我們競爭優勢的同時，還可爲顧客創造更多的價值。

一九九六年六月，我們開始透過網路銷售桌上型和筆記型電腦。那年年底，我們增加了伺服器業務。

起飛一般的成長

我們在進行市場調查時，很快就發現，對於透過網路購買電腦的想法，企業顧客比一般個人消費者顯得裹足不前。消費者會以電子郵件告訴我們，在他們決定了電腦組裝的規格，並得到估價之後，便會迫不及待想要按下滑鼠，完成採購動作。所以我們決定先把重點鎖定一般消費者，以此了解更多，從而找出接觸企業市場的最佳方法。而到目前爲止，企業市場是我們最大的市場。

但是我們並沒有積極做廣告。在我們宣佈進行線上銷售之前，希望能先確定有順利執行的能力，所以我們悄悄推出了網站。然而，在不知不覺中，已經有成千上萬的人上過我們的網站，尤以具備科技概念的顧客爲多。因此我們決定要在平常的廣告上提到網站訊息，以網羅另一大群知識豐富卻還不知道可以在線上購買我們商品的顧客。到了一九九六年十二月，我們達到了每天約一百萬美元的銷售額。

這個數字，讓所有人正襟危坐，注意看著我們。當時亞馬遜網路書店（Amazon.com）每一季在網路上賣書的銷售額大約是一千五百萬美金，而且處於虧損狀況。當我們提出我們的每日營業額達到一百萬美金，而且還有利潤時，整個產業的聚光燈便轉到我們身上。這樣的注意正好是我們要的，它促使更多人進入戴爾網站，並且讓我們建立起領導者的地位。

在網路交易上取得領導者的地位，一直是我們的目標之一。我們希望能決定網路商業的模式，使其成爲直接模式的延伸，而不只是複雜經銷關係的旁支。比方說，如果你到其他廠商的網址購買電腦，會發現他們提供兩種選擇：一個是離你最近的經銷商的免付費電話號碼；第二是如果你輸入地址，則會得到附近經銷商的地點。但我們的顧客可以連上戴爾的網站，選配最適合他們需要的系統，輸入信用卡號碼，就可立即在網上訂購。

我們非常明白，直接模式提供給我們多大的基本優勢，也知道透過網路的優勢有多強。www.dell.com 這個網址，對於公司所得到的注意力及直接商業模式而言，都是一道清楚的指標，讓公司與網路商業劃上等號。現在，每當在討論電子商業的內容時，戴爾都以 www.dell.com 的名號出現。這個名號被愈多人看到，就會有更多人上網，而可能在線上購買東西的人也或許會更多。

搶先把最好的概念呈現出來，其價値在此。等到你是第二十八個提出網站的人，屆時再好的概念也沒有用了。

在公司內部傳福音

在戴爾流行一個說法：如果希望員工往大格局思考，必須先有大手筆的行動。我們在決定要設起成功的網路模式時，的確是以大格局來思考。我們不希望只成立一個網路店面，把它當成生意上的一個附屬品。許多只把網路當成電子銷售途徑的公司，並沒有抓到網路科技的重點。網路眞正的潛力是它加速了資訊流通的能力，這會對所有的交易造成影響。

我們希望網路可以成爲我們整個企業系統的關鍵，以及接觸現有顧客和未來顧客的第一站。我們計畫在幾年之內，將百分之五十的業務全透過線上交易。

爲了達成這個目標，我們必須要大手筆行事。我們的執行層面爲這個概念提供了熱烈的支援，把網路與我們的商業模式全面結合。我們決定不只要把網路運用在銷售與組裝的系統，而是把網路科技全面應用在我們資訊系統上，以便更快速有效地與顧客和供應商連結。我們資訊科技的重點，一向是爲了減少資訊起源和流通的障礙，藉此簡化系統，讓商業過程能夠眞正發揮最大的功效。

我對大家說：「各位，我們製造的所有東西，名片、郵寄的箱子、包裹、信件、ROM-BIOS 等，只要有公司名稱的東西，都必須印上 www.dell.com 的字樣。」全公司上下無一例外。我寧可膨脹一個偉大概念的重要性，也不願低估它的可能性。

藉由密集的行銷攻勢，www.dell.com 的字眼隨處可見，不管是廣告、公司名片、所有從工廠出來的箱子，連在德國舉辦的歐洲管理小組會議上指示男廁的標示牌也不放過。

不過，公司內部還是有人不清楚網路對我們的生意會有多大影響。爲了讓公司上下都懂網路，我們實施了內部的傳教活動，在各工作區和大家常經過的地區貼上海報，我在海報上擺出山姆大叔的姿態，以大字寫著：「麥克要你了解網路！」我發了一封給全公司的電子郵件，敍述戴爾的網路策略，還有透過 www.dell.com 訂購的簡易程度，還要求每一位經理要從亞馬遜網路書店買一本書，讓自己熟悉網路商業的流程。我們也贊助了一個「狗仔隊專案」，讓員工在網路上蒐集資料，舉辦「認識網路」學習測驗，鼓勵所有員工參加。我們也讓全球各分公司的每個員工都能使用網際網路及內部網路，並鼓勵他們多多運用。

不過，還沒有意識到網路有助於我們生意的員工人數還是多得驚人。業務部和服務部門一開始不了解網路的應用，很擔心網路會取代他們的工作。我們大力投資於業務代表的教育，尤其是那些與顧客建立良好關係的外勤業務代表。我們讓他們知道，網際網路如何讓他們更有效率，又能把有附加價值的服務提供給顧客。這些業務代表很快看出，www.dell.com 非常棒，他們可以比以前少打幾通電話，一樣可以談定生意，和既有的顧客也可以保持更廣泛的接觸。而憑我們的成長率，絕對有足夠的生意讓大家保住飯碗。

有人會說，如果你有途徑能讓員工進入全球資訊網，他們就會整天在網路上閒晃。這種說法是錯誤的，它意思像是：「不要教公司的人識字，因爲他們可能會整天看書而不做事。」網際網路是一種資源，能夠賦予並加強許多商業的功能，如果你太在意員工可能會濫用這項科技，將會錯過許多優點，而競爭對手早已大步迎向未來了。

我曾和一位顧客談到這問題。他們曾實際做過統計，了解員工因個人因素在上班時上網的時間有多少，計算的結果是每天六分鐘，比大部分的人花在講一通私人電話的時間還短。我認爲，如果你是戴爾的員工，偶而上網去買本書，比你去到書店省下三十分鐘！

對我們而言，重點不在於大家會不會浪費時間在網路上，而是大家懂不懂得善用網際網路。不徹底熟悉像網際網路這樣能帶動轉型的商業工具，是一件很愚蠢的事，況且，這項工具是你公司的策略和競爭優勢不可或缺的一部分。

我們面臨了和前幾年一樣的十字路口，我們在一九八六年左右開始使用電子郵件。大家會問我：「你怎麼讓你的員工願意用電子郵件？」我回答：「很簡單，你只要問他們有沒有收到你用電子郵件傳過去的通告就行了。」沒有人希望自己漏掉資訊，對不對？

網際網路可以接收到外界的資訊，這也是它很棒的一個重點。以現在的市場而言，你不能故步自封。我們的產業改變快速，如果不經常更新，保持在科技和概念的最前線，很快就會被淘汰。而網際網路讓我們可以得到外界的觀點，包括顧客的看法，或是競爭對手的現況，甚至世界其他地區的發展等等。

我在拜訪企業顧客之前，一定會先到他們的網站看看，盡量了解這些公司。我從他們的網站可以對他們的公司和文化有相當的概念。而比起那些充滿漂亮圖片的年度數據報告，從網站上得到的資訊，更能讓我的簡報流暢、切入重點。我們希望公司所有人都這樣做，那便可以更了解我們的顧客、競爭對手、供應商、市場，以及我們的世界。

讓大企業改變

我先前提到，我們一開始的網路交易主要鎖定一般消費者及小型企業，因爲對許多這類的顧客來說，在線上得到產品資料和估價之後，下一步自然便是在線上訂購。然而要說服大型企業顧客透過網路訂購，就困難多了。他們認爲這是在要求他們陡然改變採購的方式。我們的許多大型顧客，都有自己一套沿用多年的採購系統，而且他們也不知道如何把資訊從那些系統轉換到網路上。有些大顧客則擔心網路上資訊的安全性。對這些公司而言，採購的決定過程，和眞正決定採購項目是兩碼事，通常牽涉到至少兩組不同的人員或部門。於是我們成立了一個採購流程來解決這個問題，以便分別處理這兩個不同的事件。

光是在自己的組織中推動改革已經夠困難了，要在別人的組織當中推動改變，更是難如登天。但我一直相信，網際網路會像電話一樣，成爲人人不可或缺的無價發明。我們了解，這對我們自己的營運及我們顧客日後的發展非常重要，讓他們立即了解其重要性，是刻不容緩的事。所以我們擔負起教育顧客的責任，讓他們可以了解，使用電子傳輸方式做生意的基本好處何在。

我們的業務代表就是我們的教育工具。他們詢問顧客：「你們現在跟戴爾做生意的模式是什麼？」我們想要藉此讓顧客明白，線上訂購可以簡化流程，減少訂單出錯的機會，還可更有效追蹤進度。線上訂貨效率較高，因爲同樣的資訊不需要透過三個管道，只要一個就搞定。

這個管道，便是經過特殊設計，名爲「戴爾頂級網頁」(Dell Premier Pages)的網頁。我們剛開始設立「頂級網頁」時以爲：「天啊，這眞是提供電子商業的好方法。」但後來許多公司也希望能享有這種簡便性，與我們進行線上交易，他們特別喜愛網路連線所能提供的加值服務。

每個公司的員工可以透過自己公司的頂級網頁，取得加上密碼保護及專爲他們打造的戴爾產品和服務資訊。顧客可以在線上選配系統、估價，以雙方同意的價格購買此套系統。他們也可以透過以類別、地理區域、產品、平均單位價格、總價等分類的詳細顧客採購報表，追蹤貨品進度及庫存現況，以便更有效管理資產；並得到戴爾業務、服務和支援小組成員的連絡資料；此外還可以追查，他們的系統是否已經到了聯邦快遞在曼菲斯的出貨區，何時可送抵他們那兒；如果顧客想知道公司爲歐洲營運點所訂的個人電腦數量，可以進入我們的資料庫，輸入參數，然後立即能得到報表。我們也擴大了線上資產管理的規模，現在顧客可以查明他們的系統有沒有Ｙ２Ｋ問題、契約是否快過期，以及他們的電腦是否該升級了。

頂級網頁無法完全取代業務代表的工作，但可以增加他們的功能；兩者之間，就像顧客與銀行的關係，顧客在進行重大交易時，會希望與眞人直接談話，其他時候則樂於使用自動提款機。

立即的資訊移動

我有天晚上上線的時候，收到一個伺服器部門的工程師傳來的郵件。他在我們的內部網址針對伺服器增加了一項功能。其中有一個單元，介紹微軟、英特爾、甲骨文等全球聯盟的伙伴，以及我們聯合廣告的示範、共同公告的清單、產品和工具型錄等。伺服器網站提供我們的業務小組一套非常有力的工具，讓他們在任何地點都可以得到資料，幫助他們進行業務。網址內的資料整理完善，隨時更新，而且由於存放在網路上，所以隨時可取得。

如果在實際的環境進行同樣的這件事，你所用到的活頁檔案夾，恐怕會大得沒有人扛得動。而要試著更新這樣的實體系統，簡直像一場惡夢，得耗費上萬的人力。但是上線之後，便可立即完成工作，這就是它神奇之處。最後便產生更豐富、更有效率、更容易操作的資訊系統，而且是走遍全球。

網際網路和公司的內部網路，讓我們在加速推動新議題及分享最佳執行方式上，節省了許多時間，也消弭了需要耗時傳遞的紙張文件。

本來，希望別人審閱的資料，我們都以電子郵件的附加檔案方式傳遞。但是有一天，我在會議上說：「嘿，如果我們可以透過網際網路審閱資料就好了，這樣我們的網路功能，就不會因爲這些來回傳送的一大堆表格和圖表而塞車。」

現在，我們在電子郵件上寫下網際網路或內部網路的位址，大家只要按下超連結，就可以輕鬆取得資訊。我們以往每星期拿到一次業績報告，現在則可以隨時上線，立即取得報告。

任何業務組織都不可能完全了解公司所有產品的廣度與深度。但是在網路上描述或解釋則容易許多，並且可以依實際需要時常更新，業務人員便有現成的參考指南。如果我們在幾個月內有新產品問世，便可立即把資料提供給業務和支援小組的人員。我們再也不用以口口相傳的方式，要大家把訊息傳達出去。

我們可以在網路上刊載複雜的技術文件，解釋新的科技，提供機器的組裝圖。如此一來，使用者對我們產品的功能一目了然，遠勝於手冊或其他非互動式的資訊方式。顧客可以得到所有想知道的細節，而且我們很確定他們已經看過這些資料，如果我們以信件方式寄給顧客，我們不但不能確定他們是否收到或是否閱讀過這些資料，也不可能知道他們讀過哪一頁，或覺得哪些內容特別有幫助。但在網路世界裡，我們可以計算上網的人數，所以可以很精確知道哪些資料是顧客覺得有價值的。

以科學的方式估計顧客的反應，是一件非常可觀的事。我們在實體世界中，可以爲某些廣告設計出精密的免付費電話，讓我們知道哪個廣告引起最多的迴響，而打來的電話次數則可以轉換成銷售預測。而在網路上，你可以進行立即的實驗，可以在提供商品給顧客的兩個小時之內，就知道這個產品會不會成功。你甚至可以稍微改造產品，並且立即比較不同產品的結果，然後把重點轉移到似乎最成功的一項，而這幾乎都在幾分鐘之內就可達成。

網路上有極爲豐富的回饋迴路。傳統行銷所作的調整，是方向性的修正，每個月或好幾個月才進行一次。而網路上修正方向的速度則快得多。結果，進行實驗的成本也明顯下降，而修正錯誤幾乎不需要任何成本。

與未來的超連結

我們第一次用網路來拓展生意時，有三個基本目標：簡化顧客與戴爾做生意的過程；降低與戴爾交易的成本；加強我們的顧客關係。許多人說我們在網路上一定無法成功，這其中有許多人當初也說過，直接銷售模式絕對行不通，而我們絕對無法直接銷售伺服器。

在我提筆寫下這些話的同時，戴爾每天在網路上的銷售額超過一千兩百萬美元。而網路也已經成爲商業主流的一部分。在一九九六年，全球五百大企業中，有一百七十五家擁有自己的網站，到了一九九七年年底，這個數字已經達到兩倍以上。

但是對戴爾而言，線上交易只是一個開始。由於我們把網路視爲我們資訊工程策略的核心，所以開始以新的眼光看待資訊的擁有權。我們並沒有死守我們經過多年才研發出來的資訊資料庫，反而運用網路瀏覽器，與顧客和供應商分享這些資訊，把他們涵括在我們的企業之內。這就成了我所謂的「虛擬整合性組織」的關鍵，這樣的組織不是以實際的資產連結，而是透過資訊。藉由使用網路來加速公司資訊的流通，實際消弭公司間的界限，使得我們可以用從來無法想像的方式，達到產品和服務的精準及適時問世。

這將會成爲數位經濟中，必然的商業系統。

我不能說，自己當初就知道，早期運用電子公告欄的實驗到最後必能完美成形，而能夠透過網際網路銷售價值數十億美元的系統；當然也無法全然理解，當初在宿舍房間賣電腦的冒險，會把我們帶到什麼樣的境界。我們當然度過很艱苦的一段時間，尤其是電腦業還在萌芽的階段。但憑著一股勇氣，循著我們的信念，隨時留心重要的事物，也就是我們的顧客、股東、員工，戴爾終於茁壯發展。

從這些經驗中，我們成功的策略應運而生：也就是快速上市；卓越的顧客服務；致力於創造穩定的高品質和符合顧客個人需求的電腦系統，以提供最佳功能和最新科技。隨著公司的發展演變，我們的策略愈來愈活潑。也許我曾經醉心於消弭不必要的步驟，但我一旦擺脫了中間人，可以直接銷售給顧客之後，我開始把眼光放在如何鞏固已經與供應商建立起的關係，如何減少管理庫存的步驟，如何改進供貨給顧客的成本與產品上市優勢。電話銷售曾經有效多時，直到我們開發了網路無限的潛力才告一段落，不過對某些顧客而言，電話銷售還是非常必要。

本書的第二部，將探討我們如何把公司從成立至今十五年所學到的教訓化爲資本，而得以成爲全世界第二大的個人電腦製造商和行銷者。在下面幾章當中，您會看到，我們如何一步步與員工、顧客、供應商建立起強勢的夥伴關係。在這些事件當中，也可以發現，即使我們比以前強了兩萬五千倍，卻如何仍能維持創業精神的高能量文化；如何決定該聘用何種人員；而又爲什麼要以減低經理人員的責任當作獎勵。你也會看到，即使競爭者沒有人這樣做，但我們在設計產品時，爲什麼時時把顧客牢記在心；我們如何從顧客身上取得資料；我們如何運用這種緊密的關係，取得比競爭對手更大的優勢。你也會了解，與任何供應商相處時，爲什麼「愈少愈好」、「自滿會扼殺發展」、「親近將有所回報」等認知，會成爲我們的信條。你也會看到，這些認知讓我們的存貨週轉率，以及把產品送達使用者的速度，超過業界任何一家業者。

我們甚至會鉅細靡遺地描述戴爾處理競爭的方法，以及我們對於在將來眞正連結的經濟中的網路，有著什麼樣的期望。

沒有任何一家公司可以永遠不犯錯，我們很清楚。但我們並不是輕輕鬆鬆就懂得道理，我們是透過經驗才學到教訓。也許，您可以從我們身上學到一些營運發展的重點，以及讓競爭力更強悍的方法。

註釋

①這個數字稍後改爲：到公元二〇〇二年將會達到三千億美元。

第二部

祕密 1

每個工作都要有接班人

最大的威脅與資產

當公司快速成長之際，連有才幹的人都會變得慌張。
因此，所聘用的人除了必須適任現職，
也要能應付成長所帶來的新任務。
現在我們招募人員時，會考慮到長期的發展。
我們不再只是把他們帶進公司做一份差事，
而是邀請員工參與公司的成長。
而且，每一個人有責任爲自己的工作尋找接班人。

經常有人問我，當我們以史無前例的速度成長時，如何還能維持挑戰者的精神。到目前爲止，我在管理上遭遇到的最神祕層面，乃是「文化」。

然而它同時也是最重要的層面。曾有一位媒體朋友問我，哪一個競爭對手是戴爾電腦公司最大的威脅。我回答說，戴爾最大的威脅並不來自任何競爭對手。

我們的威脅來自於自己的員工。

當我們變得日益龐大（以員工數而言），基礎架構也日趨複雜時，要維持戴爾一向標榜的創業家精神，並不是件容易的事。而當我們逐漸向全世界擴展之際，也很難維持一個團隊的能量。但我一貫的目標都是要做到讓戴爾的每一個員工都覺得，自己參與了一項很偉大很特別的事，而此事也許足以超過他們自身。

這一章便要探討我們如何尋找並發展足以顯現績效的優良團隊。而在下一章，我會進一步討論如何創造出一種致勝的文化，闡明爲何擁有優秀人才絕對可以創造無價的競爭優勢。

一個團隊，一個策略

就我所知，要建立或維持一個健康的、有競爭力的文化，最簡單也最好的方法，就是透過目標同一，策略一致，與公司員工成為並肩作戰的夥伴。

能不能找到適當人才並聘用之，足以決定一家公司的成敗。不管公司處在事業週期的哪個階段，都應該把引進優秀人才當成最優先考量。不過這也是最難達到的目標。

我記得在一九九四年時看著戴爾的三年計畫，看出我們有每年成長百分之四十到五十的潛力，而這數字表示，公司的規模每兩年就會增加一倍。我們那時也面臨著經營一家三十億美金公司的挑戰。顯然，如欲達到七十億或一百億的規模，我們需要聘請並且培育更多人才。

我們對「直接模式」所抱持的信念，成為凝聚所有戴爾人的動力。在「人」的部分所展現出來的是人人各司其職，對結果負責，重視事實與數據。長期以來，我們已發展出有如雷射對焦一般精確的策略，並且殫精竭力，不斷與我們全球的組織充分溝通。我們根據公司完成目標的程度，將之與我們為顧客和股東所創造出的價值直接結合，而建立起成功基準。我們也盡力明確傳達目標。在戴爾成長的人，都能以結果為導向，自我負責，並且致力於領導。我們讓他們有權力把營運導向某特定的方向，並提供他們達到目標所需的工具和資源。

無論聘用的是新進人員，或是負責經營最大事業體的管理階層，都必須完全與公司的哲學和目標一致。如果這個人可以認同公司的價值觀和信念，也了解公司目前的營運和努力的方向，那麼他不但會努力達到立即目標，也會對組織的更大目標有所貢獻。想想看：戴爾的主要價值觀之一是要提供更好的顧客經驗，但如果接電話的業務人員口氣惡劣，或是讓對方在線上等很久，我們就完了。不管這個業務人員知識多豐富、產品送達的速度多快，或這顧客使用了產品之後可能會很開心，這下子都無濟於事，對方已經把電話掛了！

不過這並不是說我們只尋找「適當」的人選或人格特質，也不是要變成「一言堂」，我們的人員若是缺乏想像力和創新的能力，公司也完蛋了。但如果所有人都受到顧客導向的重點所鼓舞，情況就會大爲不同了。

不論事情大小，各階層的員工都有助於推動公司的策略，達到超越他們自身責任範圍的目標，不過前提是公司必須真誠地投注於員工的長期成長與發展。所以，公司必須搶先在競賽開始之前，就招募人馬。

招募於機先

招募人才不只是爲了填補空缺，而光看才能也不夠，必須要根據應徵者成長與發展的潛力來決定。

我在公司成立沒多久就發現了這項道理。當時我愼重地面試新人，想雇用適當的人選來塡補剛空出來的職位。那時我們的規模雖小，卻以極快的速度成長；而我還沒來得及發現，一些原本合格的人忽然就都跟不上其他同事。我當初只因這些人當時的條件而錄取他們，卻沒有考慮到他們未來是否能有所作爲。當公司快速成長之際，連有才幹的人都會變得慌張。因此，聘用的人除了必須適任現職，也要能應付成長所帶來的新任務。

現在，我們在招募人員時，會考慮到長期的發展。我們不再只是把他們帶進公司做一份差事，而是邀請他們參與公司的成長。如果雙方速配成功，那麼隨著我們進行區隔化，或調整各營運項目在公司全面所佔的重心，他們的工作將可能會屢有變動。招募的人員如果有足以超越目前定位的潛力，公司便可以爲組織建立深度和額外的能力。這在公司面臨下一波成長，或下一次競爭的挑戰時，會格外重要。

我們以尋找接班人的態度招募新血。而且事實上，我們定下規矩，所有人都必須尋找並發展自己的接班人，這是工作的一部分；這不只是在準備移調到新工作時才必須做的事，而是工作績效中永續的一環。

該如何在今日的應徵者當中，找到確實可以成爲明日領導者的人才呢？戴爾公司找的是具備學習者的質疑本質，並且隨時願意學習新事物的人。因爲在我們成功的要素當中，很重要的一環即是挑戰傳統智慧，所以我們會徵求具有開放態度和能提問思考的人；我們也希望找到經驗與智慧均衡發展的人、在創新的過程中不怕犯錯的人，以及視變化爲常態，並且熱中於從不同角度看待問題和情況，進而提出極具新意的解決辦法的人。

而只要時間許可，我盡量親自找到這些人。

我一向積極致力於尋找優秀的人才，也希望我們團隊中的其他成員也可以這樣做。我並不是只尋找經理人員。有時候，我會與暑期實習生會面，這並不只是單純與他們個人面談，而是想知道他們從戴爾得到什麼樣的經驗，聽聽他們的觀察和對公司的觀點。如果他們在戴爾的工作經驗非常愉快，能力也符合我們的目標，許多人便會加入我們公司。

我在面試新進人員時，第一件事就是了解他們處理資訊的方法。他們能以經濟的觀點思考嗎？他們對成功的定義是什麼？如何與人相處？他們眞的了解今日社會的商業策略嗎？對我們的策略又知道多少？令人驚訝的是，有許多人雖然有工作經驗，對自己公司的策略也有所貢獻，卻不了解其眞意。對我而言，我非常重視新進人員了不了解戴爾的策略，以及他們是否有助於我們發展這些策略。

我通常會要應徵者談談他們做過的事情，以及他們最引以為傲的經驗。我可以從中得到一些概念，了解他們注重的是所工作處的整體成功，還是其實只在意個人的飛黃騰達。然後，我幾乎每次都會故意大力反對他們的個人意見，原因是我想知道他們是否具有強烈質疑的能力，並且願意為自己的看法辯護。戴爾公司需要的是對自己能力有足夠信心並且堅持自己信念的人，而不是覺得必須一昧保持表面和諧、避免衝突的員工。

縮小責任範圍，獎勵成功

任何一個資深的高階經理人，或是小型企業的負責人都會同意：適才適用，乃公司成功的必要工具。傳統上來說，當有才幹的員工專精於某一項工作之後，便會被拔擢到新的職位，承擔更大的責任，管理更多員工，統籌更大的預算。但隨著公司的成長，該如何應付每年就增加一半的責任？

你以為，員工能跟上公司的成長速度，而且還能維持敏銳的對焦能力？實情會讓你大失所望。當事業突飛猛進時，許多新的工作會衍生附加責任，而變得過於龐大與複雜，連最有企圖心、最辛勤的人都不得不犧牲個人發展，要精疲力竭才處理得完工作。

一個讓員工愈來愈難以成功的公司結構，完全沒有必要固守。公司的組織結構必須有足夠的彈性，讓員工得以共同演進，而非反而阻礙他們的發展。

對於我們這樣快速成長的公司來說，這是我們所面臨的最大、最有挑戰性的文化議題。而我們的解決辦法是：「區隔化」。

區隔化源於銷售，而後發展爲整體的組織動力，並主導我們重新進行組織的方向。但隨著成長，我們也開始思考，區隔化其實也能創造不同的工作，賦予員工新的啓發與機會，讓他們更能專注在精確的責任範圍內。在戴爾公司裡，進一步的專注，幾乎就等於更多的成長。

區隔工作的方法有許多種。我們會招募更多人才，或以特定方式劃分出不同的事業體、產品組織或功能性組織，讓新區隔出來的結構更易於管理，更能把重心放在商業契機上。這種做法不但能維持員工的滿意程度與成長，也能保持高度的成長率。

我們剛開始實施這種做法的時候，有些人覺得無所適從。這種現象並不難理解。在傳統的做法裡，把責任縮減，象徵著降職、不認同、失敗。在其他公司，也許依據部屬人數的多寡，或爲公司賺錢的程度來評估一個員工的表現；而在戴爾公司，成功的定義是：業務成長太快，所以我們把你原先負責的部分減一半。有時候，即使我們把團隊分爲二到三個新的單位，新單位卻可能比原本團隊在兩年前的規模還大兩倍。

我們發現，有一個做法能有效克服員工的憂慮，那就是不但要計畫未來的組織結構，也必須與整個組織溝通「未來的狀況」。這樣做，可以不斷增加組織性的調整；而組織性的改變是一點一點進行，不是驟然在某一天就完成的。

事實證明，及早溝通，可以收鼓勵之效，因爲員工可以先從個人的工作機會及事業發展上，看到公司成長所帶來的實質改變。

工作區隔化，完全與傳統做法背道而馳，但其邏輯絕對合理：我們希望優秀人才能茁壯，協助公司繼續興盛。我們認爲，若欲使員工的新工作有意義，並且更適合員工的專才，這是最好的辦法。期待任何一個人變成超人，是絕對無法產生附加價值的，反倒會招致失敗。

工作區隔化也有助於我們找出自己的弱點，並因此形成企業的策略。如果我們不考慮進行區隔，也許根本無法了解公司在財務或行銷方面的不足；一旦發現了這些問題，或許便會發現我們沒有足夠人力來執行這些新的責任。就一個制衡系統的功能而言，區隔化是一種非常實際的做法。

其實，區隔化最大的好處是能爲員工創造新的機會。當新的事業創立，組織會出現新的空缺，而這能鼓勵員工成長。由於做了區隔，我們得以確定公司最優秀的人才不會驕縱自滿或無聊怠惰，與他們建立一份更長久，而我們也希望是更充實的關係。

我自己也曾把份內的工作兩度做了區隔。在一九九三年到九四年間，我發現，我必須做的工作已超過負荷；而機會太多，我無法完全獨力追求。如果因個人的限制而無法掌握這些機會，是一件極為可惜的事。所以，這時我邀請塔普佛加入公司。

我與塔普佛的合作關係，是工作區隔化的典型例子。我們曉得，「三個臭皮匠，勝過一個諸葛亮」，而塔普佛和我的長處正好互補，所以我們各自專注於自認最能做出貢獻的範圍。這是一種分散作業、各個擊破的方法，主要特點是不斷溝通，共同做決策，因而使我們個人能成功的力量加倍了。

隨著公司繼續成長，我們再次區隔了工作內容。我們在一九九七年拔擢了羅林斯，他自一九九六年起便是高階層管理團隊的重要成員。我們三人共同經營公司。即便如此，我們還是發現，機會實在是多得無從全面應付。分攤了責任，的確讓我們擺脫許多束縛，得以追求能提供最大附加價值的項目。

我們三人並不總是意見一致，但我們都有同樣的榮譽感和責任感，也都懷抱共同的目標，決不是各自為政。我們在一套策略一致、目標整合、溝通流暢，以及重點明確的架構下共事。

推動整體團隊的榮譽制

我一向很好奇，一個小組能成功運作，原因何在：這一點，在戴爾持續成長且聘用了許多新人的同時，變得特別重要。在到了公司規模變大時，如何保持還是小公司時的清楚焦點、同志精神及親密氣氛？

而且，你必須找出方法，融合所有人的才幹，爲顧客與股東創造價値。

把團隊調整到共同的目標，並且在全公司建立起同樣的獎勵系統，有助於讓公司同仁把這個概念發揮到極致。比方說在我們的工廠現場，大家以兩人一組的方式合作，負責接收訂單、製造生產、裝箱寄送給顧客。獲利分享的獎勵辦法，刺激他們發揮團隊的最大產能。每小時的報表或數據，都會顯示在現場的螢幕上，讓所有小組知道我們的進度。負責製造的小組效率愈高，他們獲利的機會就愈大。

而他們也知道，共同合作所產生的利益，比單打獨鬥大得多。

三百六十度的表現評估方式，背後所蘊含的原則也非常相似。這種評估方式，並不是只依照直屬主管個人主觀的意見來評估每個員工個人的年度成長，而是整合了所有與該員工共事的人的意見。這種評量辦法十分有效，可以明確指出哪些地方需要進一步發展與改進，讓大家把重心集中在以小組的方式達成目標。這是我們在員工身上把數據目標化、把人際利害關係降到最低的最好方法。結果，我們發現有些能力較強的小組成員，會因爲關係到個人權益，而願意用多餘的時間和精力來協助其他沒有跟上進度的同事。他們的做法之一，就是把三百六十度評估的結果與其他人分享。這也讓我們的管理團隊可以在個人的範疇內共同合作，追求進步。

這種團隊運作的方式，是凝聚公司人員的另類辦法。它不是要求大家避免互相牽制，也不是要大家產生良性的競爭而減少鉤心鬥角，重點在於要大家全心關注彼此的成長。

這些話眞正的含意，其實就是夥伴關係。

善用偶發的互動

在戴爾這樣的公司裡，所有員工都會捲起衣袖，親自積極參與。就算我們已是一家營業額一百八十億的公司，但整個管理團隊，包括我自己在內，都會投注在日常的營運細節上。事實上，這就是我們成功的方式。身爲經理人，不能光坐在辦公室大談理論，以此評估部屬的表現。我們經常要與顧客會面，參與員工階層在產品、採購、科技方面的會議，眞正接觸公司的經驗與智慧。

爲何要如此大費周章？首先當然是因爲可以藉此更接近員工。不過這不是全部。我們對於日常營運的參與，有助於鞏固實力，也可以維持戴爾非常重要的一項競爭優勢：速度。因此，「鉅細靡遺的參與」，可以讓我們在了解狀況的情況下，快速做出決策。

比方說，有問題產生的時候，我們不需要進行額外的研究，也不用指派專人去找出議題所在，因爲我們手邊恆常擁有全部資訊，可以立即集合相關的人，做出決議，立即執行，過程非常迅速。目前整個公司的步調非常快，不容許浪費時間，在一個決議上躊躇不定。儘管我們致力於做出正確的選擇，但我相信，甘冒錯誤的風險而搶得先機，總比做出百分之百正確的決定，卻比別人晚了兩年要好多了。

然而，若沒有數據，不可能做出最快速最正確的決定。資訊是任何競爭優勢的關鍵。不過數據不會從天而降，你必須主動搜集。

我蒐集資料的方法，就是到處晃盪。

我不想事先計畫好如何與他人互動，而希望得到現場的回饋。我希望聽到出於直覺的看法，也想正巧看到公司有人在指導一個首次開啓電腦系統的老婦人；我想遇到有人正好被顧客的問題難倒時的情況——如果我知道答案的話，可以幫忙。我想要遇到這些事情，因爲這就是我們員工每天處理的問題，而我希望能夠具備足夠的相關資料，以便代表顧客及員工做出最好的決議。

有時候我會出現在總公司的大樓裡；有時候會到其他分公司的所在。我會在不事先通知的情況下出現在工廠，和現場工作人員聊天，以了解實際的作業狀況。我每個月也會有兩、三次帶著午餐，與來自公司不同部門的人邊吃邊聊。當然，坐在產品會議上宣佈「我們有這些新產品，銷售人員必須開始販售這些東西」是很簡單的，但不切實際。所以我會帶著午餐，聆聽業務部門的意見。這不但是了解大家每天在作業上實際狀況的絕佳辦法，也提供了交換意見和解決辦法的機會。

我相信你可以從這種偶發的互動上學到許多。我也許在拜訪顧客的途中與一位業務專員同車，這便是了解實際狀況的絕佳機會。我可能會問他：「你的顧客向你反應什麼意見？你對公司的產品有什麼看法？你在這個競爭激烈的市場上，觀察到哪些現象？我們最大的挑戰是什麼？什麼是威脅你成功的因素？公司要如何進一步支援你？」從這些問題所得到的「質」方面的資訊，與數字的「量」方面的資料一樣重要，都能維持工作動力和保持正確方向。

我也喜歡到公司外逛逛，了解外界對我們的看法。在網路上，沒有人知道我是公司總裁。我常進聊天室，這裡常有實際的使用者針對戴爾和其他廠商進行討論。他們討論起購買經驗和好惡時，我會仔細聆聽他們的對話。這是個學習的大好機會。

我的目標之一，是希望能持續把外界的資訊引進戴爾，而同時又能盡量保持競爭力。當公司逐漸成長，而個人工作日益複雜時，你便極可能大部分時間都在自說自話。這是很危險的事。我們必須讓自己浸淫在顧客意見、市場反應、周圍諸事諸物之中，以保持最高競爭力。

我很希望能夠像以往一樣，與公司所有人都有良好的互動——可是，互動的次數絕對趕不上公司成長的速度。當一家公司的員工從一千名激增到兩萬五千名時，用簡單的數學計算公式，就可以知道我和每個員工見面的機會：減少了二十五倍。

但這並不代表我在意的程度成爲二十五分之一。相反的，我很懷念以往大家擠在第一個小辦公室裡那種親密的感覺。幸好，我們發現還是有辦法在較大的組織當中，縮短自己與員工間的距離，發展出步調快速又有彈性的文化，而這正是競爭優勢的根源。我們運用的方法如下：

◆**以共同的目標激勵員工**。幫助他們，讓他們覺得自己參與了一件眞誠、特別而且重要的事件，也可因此激發眞正的熱情和忠誠度。

◆藉由事先招募，以及與員工溝通這項承諾，以此**培養雙方的長期關係**。

◆**不要把招募人才的工作丟給人力資源部門**，也不要陷入已成窠臼的雇用框架中。在現代經濟體系中，人才供不應求。

◆**培養個人成長的承諾**。成功並非靜態，所以公司也不應該停滯。仔細注意公司最好的員工所達到的成就，建立獎勵傑出表現的方式。留住優秀人才的最好辦法，就是讓他們的工作可以隨著他們的狀態而改變。有時候，減輕他們的責任，能讓他們有足夠空間追求新機會，能夠進一步拓展自我，而公司的業務也會隨之拓展。

◆**積極參與**。即使你無法親自拜訪顧客，或無法到場參加會議，仍必須藉由電子郵件或網際網路與組織裡所有階層的人保持聯繫，尤其對於距離較遠的分公司中無法經常會晤的人員更應如此聯繫。把這個方法當作接觸眞實資訊與人員，讓自己在遇到事情時能立即反應。

與外界連結，可以讓自己保持警覺，與公司員工，也就是公司最有價值的資產連結，則是讓公司營運及人員保持健全強勢的良策。

下一步，是要把人才提升爲一項具有競爭力的優勢。

祕密2

每個人都是老闆

責任，榮譽，有福同享

光做到了知人善任還不夠，

必須培養員工對於工作有一種投資的心情。

如果你是一家「個個員工皆爲老闆」的公司，

員工就比較不會注重階級，不會計較誰擁有最好的辦公室，

而會戰戰兢兢，一心一意以公司目標爲重。

然而，該如何讓員工懷抱這種態度？

創造一個能運作的文化是一件事；而要利用這個文化去創造一個可測量的策略性優勢，又是另外一回事。

戴爾公司的成功，大多要歸功於我們的員工。但一家公司做到了知人善任還不夠，必須在所有員工身上創造出一種投資感，這種投資包含三種要素：責任、榮譽和有福同享。

經理人都知道，所謂個人的「投資」，不太可能來自外在的啓發；有些人具備這種特質，有些人就沒有辦法。這種特質通常是具有自我激勵的能力。

除非，你可以發展出一家「個個員工皆爲老闆」的公司。

要創造出一種公司文化，讓組織上上下下都以公司擁有人的態度來思考行事，就必須力求把個人的表現與公司最重要的目標結合。對我們而言，這代表動員所有的人，盡量致力於創造最好的顧客經驗，增進股東所獲得的價值，而我們也以適用於每個員工表現的特定量化方式，來評估我們在追求這些目標時的進程。這種每個員工皆是老闆的公司，比較不會注重階級，或計較誰擁有最好的辦公室，而會戰戰兢兢地想達成目標。

戴爾公司的每個員工都是老闆。以下是我們的方法及這麼做的理由。

學習若渴

我們把目標和員工的補助與獎金結合，這個方法顯然對他們有很大的鼓舞效果。更重要的是，我們必須運用方法，把「所有權」的觀念灌輸給員工，並且進一步提升他們的才能，使他們發揮全部潛力。

其中一種方法，就是不斷學習的意願和能力。坦白說，如果我們拿著一九九三年到九四年所學到的知識，大言不慚地說：「我們該學的都學到了。」我現在大概也不會有機會寫這本書了。但從我們公司創立之初至今，就一直以很貪婪的速度學習，以便能趕上成長的腳步——這絕非易事，你想想我們工作改變的快速步調就可以明白。

我從提出問題的立足點開始學習，包括：怎樣可以讓你在戴爾的工作更輕鬆、更成功、更具意義？顧客的喜好爲何？他們需要什麼？他們希望看到我們有什麼樣的進步？我們要如何改進？我以提出很多問題的方式著手，並且拼命聆聽意見，因爲人在說話的時候是不可能學到任何東西的。我們不管是在營運檢討、業務現況報告或小組討論等會議上，都花了許多時間提問題。我們提出許多現今的重要議題，討論爲什麼要做這件事？爲什麼不進行另一個方案？我們鼓勵大家發揮好奇心，因爲沒有任何一本操作手冊可以提供所有的答案。(即便其中有答案，我們也不希望大家依賴手冊。)

我最近和法國戴爾公司的小組開會，有人問起：「公司爲什麼這麼注重伺服器市場？」於是我藉著解釋利潤總額（profit pool）的運作方式來回答：「你把這個概念想成是這個房間裡有一大堆錢，我們每次跑進去，就可以從所有的利潤總額中拿取一些錢，再跑出來。如果我們現在賣的是一部一千美金的個人電腦，意思就等於是我們想跑進去房間幾次都可以，但是不能從房間裡拿出太多錢。可是如果賣的是每部一萬美元的伺服器，就可以從每次交易中拿到一大筆利潤。所以，如果你們每個人都可以隨意進入利潤匯集所在，高興幾次就幾次，那你們會想要追求一千元個人電腦的利潤，還是一萬元伺服器的市場？」

如此一來，他們便能覺得利潤總額的概念是切身的問題了，而且這個比喻讓他們「擁有」公司對伺服器的初步概念，也因而認識到，公司的成功與否，有賴於他們對這個概念的了解，以及他們把伺服器銷售給顧客的能力。

整個重點在於要深入了解所有事情發生的原因。藉由提出問題，可以開啓創意的新大門，最終便有助於提升公司競爭力。比方說，在我們的採購部門裡，負責購買磁碟機的人知道如何提出比較深入的問題，像是：在磁碟機產業中，眞正的成本結構爲何？如果我自己是磁碟機的製造商，我的資金成本又是多少？產品零組件的成本有多高？我的盈虧狀況為何？競爭對手有誰？產品價格哄抬和科技演進，會對成本結構產生什麼影響？長期擁有像戴爾這樣的顧客，會形成什麼樣的經濟狀況？我可以得到什麼好處？而這些好處又會如何刺激我的成長？一旦員工能從資金、供應鏈、科技、市場走向等立足點思考，更徹底了解其中的經濟狀況，便能對於即將建立的關係做出一連串資訊更為豐富的決定。

我們的學習方法，還包括在全公司各部門詢問同樣的問題，比較其結果的異同。因為大家都在同一個團隊之下運作，追求相同的目標，所以可藉此讓全公司各事業單位分享最好的概念。如果其中一個小組在中型企業市場出奇制勝，創下佳績，我們便會把他們的想法傳佈給全世界的分公司；而另一個小組可能想出了針對大型律師事務所進行銷售的方法，我們也會把他們所學到的經驗與整個組織分享。我們可以從世界上任何一個地方得到最棒的概念，而且可以立即與大家分享。這些創意，讓我們發展出對一個全球性的公司而言非常必要的大格局思惟方式。我們透過電子郵件和網際網路來交換概念，也透過各式把全球各地不同團體聚在一堂的顧問會議來交換資訊。

人們受到這樣的思考程序刺激時，便會有極大的成長與學習能力。如果我們不了解一些驅動產業的新程序或不懂得新科技的重要性，或不了解這些現象背後的原理及我們的供應商所可能遭受到的衝擊，公司便要承擔失去重要技術轉型機會的風險，結果，便無法有足夠的實力，做出正確的決定。反之，如果我們回過頭去了解這些事情發生的根本起因，便可以做出正確判斷，並且可以在未來重複這套程序。

這是得到眞正創新性思惟的方法。

教導創新的思惟方式

當一家公司的所有人員都以同樣的方式思考時，是非常危險的現象；而由於大家都把焦點鎖定在同一個目標，這種情況卻很容易發生。當你陷入了以類似方式來處理問題的陷阱時，危險就來了。

你可以鼓勵公司員工，以創新的方式來思考公司的業務、所處的產業、顧客等課題。以不同的觀點來處理問題、反應或機會，便可以創造出許多新的機會，得到新的理解或學習。而藉由對公司營運的所有層面提出疑問，可以不斷把改進與創新注入公司文化中。

要怎麼教導別人，讓他們更具創新能力呢？一個很好的方法是，要求他們以整體的概念來處理問題。我們一開始的做法，便是請教顧客：「你眞正希望達成這件事情的方式是什麼？可以用其他方式代替嗎？」接著，我們會試著想出超越原來目標的截然不同的做法。

我們在一九九〇年中期推出「管理的個人電腦」（Managed PC）時，曾採用這個方法。當時，整個產業和媒體正著迷於全新推出的產品「網路電腦」（Network Computer, NC）。這個理當是具有革命性的創意，其實只不過是拿掉硬碟和軟碟機的陽春電腦，所有的應用程式都放置在大型的伺服器中，NC只讓使用者執行應用程式，以及存取伺服器裡的資料。

在一九九七年十一月的Comdex電腦展中，NC熱烈推出，許多人預測，它終將宣告PC時代的結束，幾家大型電腦公司也投身於這項前景看好的行業，開始發展他們自己版本的NC。

事實上，這根本不是一項新的概念，而是重新包裝源於一九八〇年代，在所有運算儀器的種類中扮演非常渺小角色的「笨啞終端機」（dumb terminal），其風采在當時被個人電腦使用率的成長給遮蔽了。我不太相信，NC若現在捲土重來，就能夠得到比較大的接受度。（但由於這項產品還是可能對我們的生意產生潛在威脅，所以我們仍然非常注意。）大部分的使用者都太過於依賴他們的PC，把電腦視為極具生產力的工具。若要把他們在安裝軟體方面的彈性和控制力拿掉，無異於拿走他們的個人電腦，給他們一部打字機。此外，行動運算（mobile computing）愈益重要，一旦切斷NC和伺服器的連線，比方說在飛機上時，它就完全是廢物一個。

但顧客對NC的需求還是漸漸增加。於是，我對我們的產品部門提出挑戰，要他們找出原因。NC想要解決的基本議題是什麼？有沒有更好的解決方式？如果不討論這個問題，一定會讓自己處於劣勢。

結果發現，NC滿足了許多企業的一項重要需求：他們需要知道，如何維持對網路標準的控制力，以及當使用者的系統當機時，可以降低所產生的相關時間和費用。也就是說，PC變得太過有彈性了。

我們的因應之道，便是推出「管理的個人電腦」，牠們除了具備使用者所重視的功能、彈性及威力之外，還有遠端管理的功能，可以讓網路管理人員從中央控制地點，進行配置、管理及維護硬體和軟體等動作。

現在，NC幾乎已成爲資訊高速公路上被棄置的礙眼殘骸；然而，幾乎所有公司都已發展出類似「管理的個人電腦」的系統了。

我們的公司文化不屑於只滿足現況，總是試著訓練員工，去尋找突破性的新觀念，讓他們在公司面對大型的策略挑戰時，可以根據實際狀況迅即提出最佳解決方案。你必須經常訓練員工提問的能力，要他們思考：我們可以用什麼方式改變遊戲的規則？哪些做法可以讓我們達到這個目標，而其他人從未想到過？

當你拿下遮蔽視野的傳統眼罩，就會對自己可做到的成就深感驚訝；如果公司的發展史就是以非傳統智慧爲基礎的成功歷程，更能激勵員工全力以赴。而營造出能敦促員工以老闆角度來思考的環境，就能不斷發想出新的另類創意，也賦予員工更大的自由，鼓勵他們冒險。

鼓勵明智的實驗

要鼓勵人們更具創新精神，就必須讓他們知道，失敗了也沒關係。許多公司說自己樂於見到創新的做法，也期待見到創新，但同時也告訴員工：「只要別搞砸就行了。」然而，所謂失敗，有各種定義。

如果某個小組實驗了一些新的做法之後，說：「這就是所有事實，而無法成功的原因如下……」這不是失敗，這是一種學習的經驗，而且經常是通往成功之路的里程碑。

我們的行業本來就充滿了創新與實驗，因爲我們所嘗試的許多事是前所未見的事物。我們在面臨新的挑戰時，因爲找不到相關的經驗，所以無法參照前人做法。我們的網址就是最好的例子。當我們剛開始透過 www.dell.com 銷售電腦時，必須從頭開始建構操作模式，其中包括從公司的不同部門裡聚集人員來組成小組，接著以一個很簡單的問題爲中心進行組織。這個問題就是：「如何迅速確實地完成這個任務？」

我們經常面臨許多問題，而我們也知道這些問題都代表著機會，就看我們要不要從中創造出全新的事業體。這個過程非常有趣。不過我們也知道，如果我們不著手進行，其他人就動手了。我們被迫要不斷創新，以維持在競爭中的領先地位。而當你必須面對改變快速的產業時，通常未知的因子遠超過已知的條件。

進行決策時，也必須擁抱實驗的態度。有時候根本無法等到所有的數據都完備了再做決定。必須根據自己的經驗、直覺、現有資料及風險評估，盡可能做出最好的決定。每個行業保證有其基本的風險，所以必須進行實驗：但必須明智進行！

我們在一九八七年把事業拓展到英國。對於一個營運範圍只限於美國的公司而言，這個行動的風險很高。不過等到我們在英國成功之後，要繼續擴展到加拿大、德國等地，就難不倒我們了：而知道了直接模式適用於這些國家，似乎也理所當然可以推展到瑞典、法國、日本等地。如果你精於實驗，便可形成創造成長新據點的策略，最後變成如常運作。

爲了追求成長，我們必須創造出大家勇於實驗的環境，因此我們審愼塑造公司文化，以接受在學習曲線上不斷產生的「路線修正」。由於我們相信員工可以從錯誤中學習，所以希望員工爲了達到完美的結果，樂於嘗試異於常態的事物。鼓勵員工多加實驗，應該是經營者的目標；而以公司而言，也必須運用比以往更聰明的方式進行實驗。

驕兵必敗

如果你認爲現狀「已經夠好」，你便會以如同後照鏡一般狹窄的視野來進行管理。而以現在的經濟環境來看，你未來鐵定會摔得粉身碎骨。光爲了要保持競爭性，就必須不斷質疑目前的所有作爲。

挑戰所有事物目前的狀況，可以讓公司不致因現有成功而被蒙蔽。「自我批判」的態度，已深植在戴爾的文化中，我們隨時質疑自己，隨時尋找改進事物的方法。我們試著由上至下建立起這樣的行爲模式，聘用具有開放觀念的人員，並且把他們培育爲領導者。這些人在自己犯錯的時候，必須能夠接受他人公開的反對或糾正。這樣可以促進公開的辯論，鼓勵理性的「能人治理制度」。

我們盡量避免對自己的成就過度自傲，有人認爲，我們在某些方面已建立起產業的基準，不過我寧可認爲一定還有改進的空間。如果我們開始覺得自己功成名就，便會把自己推往他人的光芒之下，終將黯然失色。

感到驕傲，或驕傲本身並不是壞事。能以自己每天的工作爲傲，或以自己的公司爲榮，都是很棒的事情。我們公司的員工在工作上付出那麼多，這些努力最終也促成公司在營運上很大的績效。體認他們的成就，可以提升他們爲公司的奉獻的價值；承認員工的成就，等於強調這些員工爲公司帶來的價值，並強調我們非常感激他們的努力。

但是如果驕傲過頭了，就有可能會產生錯誤的認知，以爲一切穩當。如果覺得自己天下無敵，員工便會以爲只要再花少許額外的心力，成功可以自然衍生出新的成就；更糟的是，他們會以爲成功會從天而降，而可能會對呈現在眼前的重要趨勢或機會視而不見，不再嘗試更好的行事方式，也可能遺忘了逐漸逼近的威脅。你也許會認爲，成爲《財星》雜誌的封面人物是一項很偉大的成就，但是我很快就提醒我們的團隊，在一九八六年的《財星》封面上，刊登了迪吉多公司總裁歐爾森微笑的照片，大大一幅，並題著一行大字：「美國最成功的創業家：歐爾森！」在那之後，迪吉多的股價從每股兩百美元跌到每股二十元，一直到康柏收購迪吉多之前，才小幅上漲爲每股五十六元。原因之一是，他們從來沒能把公司產品從中央式專屬系統轉變為以業界標準為基礎的模式。

成為《財星》的封面人物，不保證成功。

我們很容易沈醉在眼前擁有的地位和已達到的成就當中；但是，要從自己建構的架構中看出漏洞，絕對比較困難，可是，正因為這樣，我們更要經常地、仔細地檢視這個部分。即使現在看來運作正常，也一定還有改進的空間。

不要粉飾太平

從一九九三到九四年間最讓我開心的事情，是我們正面迎接問題，而不否認問題存在，也不找藉口搪塞。我們試著用這種斬釘截鐵的態度去面對所有錯誤，坦白承認：「我們遇到問題了，必須進行修正。」我們很清楚，如果自己不這麼做，別人會。

不過，這樣做並不簡單。當壞消息傳來，或發生令人失望的事情時，人自然會畏縮逃避，冀望奇蹟出現。但奇蹟通常不會發生，而我們浪費在否認事實的時間，通常是最重要的時機。事情發生的速度很快，所以必須做到立即掌握問題，馬上進行修正。

而處於以直接模式為基礎的行業中，不管你喜不喜歡實際發生的狀況，都會立即得到訊息。我們可以從市場表現和工廠製造過程，立即得到所有事情的資料，包括產品、需求趨向、和品質數據等。度量表不但會在工廠內公告，也會通告全公司。業務人員可以用一分鐘爲單位來計算進度。公司內的每一項活動幾乎附有一份度量表，即使是法律、公共關係及人力資源這類的軟性活動也不例外。

這些度量表不只是數據或統計，還包括顧客的讚揚，甚或極度難堪的負面反應。我們把這種與不滿意的顧客對話的機會，視爲自我改進與學習的良機，讓我們可以更具競爭性。

我們的口頭禪之一是：「不要粉飾太平。」這話意思是說：「不要試圖把不好的事情加以美化。」事實遲早會出現，所以最好直接面對。

當我們面對一項經營不善的事業體時，便會自問：「究竟出了什麼問題？這項生意應該有良好的表現嗎？我們在執行、策略或管理上，是否出了狀況？這項生意是否永遠無法行得通？我們應該現在就減少虧損嗎？」

你應該要認清事實眞相，而不是沈浸在自己想看到的結果之中。如果你有著清楚的期望和一份明確的度量表，議題的眞正面貌就會很快呈現。立即面對問題和接受問題，可以立即處理它。

我們的員工很清楚，他們自己既是問題的一部分，也是解決辦法的一份子。我們的企業文化鼓勵經理人員站起來向大家說：「我們發現了一個問題，但還不確定到底是怎麼回事。」大家必須知道他們可以要求協助，在處理大型、牽涉層面衆多的問題時更是如此。

愈早指出問題的所在，就能盡早開始解決問題。

溝通，又快又深刻

幾乎所有戴爾的員工都可以說出我們事業基礎的基本概念，這是因爲我們花了時間和他們溝通，讓他們了解狀況，了解正在計畫進行的事物，還有每個人該要怎麼做，才能幫助公司達到目標。我們以幾種不同的方式來進行。

我們每年會舉辦一次全員大會，我會在大會上說明公司目前業務、當前策略、市場地位及未來計畫。接著我會回答許多問題，所有的問題都可以提出。我盡量以非常簡單的方式回答，而且不會以權威口吻發表。這是重申公司目標和任務的大好機會。我們也在公司內部網路上公佈會議記錄，好讓沒有辦法出席會議的人也能了解。

至於慶祝成功的方式，我們採取親身參與和電子傳輸兩種模式。公司團隊傳來捷報時，我們會發送大衆電子郵件表示祝賀，把他們的小組勝利提昇爲全公司的成就。大家聽到不同事業體的表現時，都會非常興奮。藉這個能讓各小組彼此受惠的有效策略，大家能夠分享彼此最成功的運作方式，也可以建立整個組織的信心。

比方說，當我們開始銷售伺服器時，有些業務人員無法馬上接受這概念，他們對於這項科技的複雜性，以及自己爲了致勝所必須發展的專業能力感到惶恐。所以我們在公司發行的世界電子每週快訊中，推出一項稱爲「伺服器的成功」專題，從我們世界各地的伺服器市場中，蒐集成功業務人員的故事，描述他們所克服的障礙、面臨的競爭對手及他們致勝的技巧。這種精神鼓舞，顯示成功絕非遙不可及。

戴爾不容許訊息緩慢到達。由於我們處在分秒必爭的行業裡，因此必須透過會議、電子郵件和公司內部網路，進行及時的「討論」。早上發生的事情，最遲到下午就必須做出反應。我們必須一年三百六十五天、一天二十四小時具備最高的競爭性，否則就會失去生意。立即溝通，以及立即解決問題，是絕對必要的。

這些策略都有助於建立團隊合作及個人的責任感，而這兩者都是維持創業家精神的關鍵要素。就像我有位同事常說的：「我們是一群以小組方式合作的創業家。」

對階級制度過敏

我們非常努力，想要確定「直接模式」這項特色也能成爲我們企業結構的特點。在我們開放的企業文化中，大家可以盡情採取直接的管道，得到所需的資訊。電子郵件穿梭在傳統的「階級」路線中的情況，在整個組織中隨處可見。如果任何人覺得只因爲他是副總裁，就應該只跟其他副總裁講話，我們便會打壓這類的想法。過度僵化的階級制度會限制資訊的流通，對誰都沒有好處。

同樣的道理也可以套用在過度僵化的商業程序中。在許多組織裡，管理的程序已經深刻在組織中，創造出永久的官僚制度。我們意識到，程序應該要有助於商業的發展，而不是反倒產生牽制的效果。我們告訴所有員工，只要他們能想到改進營運的更好程序或解決辦法，而且所有相關單位都同意的話，便可以逕行修改。

事實上，我相信現今企業大部分的迷惑，來自於溝通上的困難及階級的複雜。我們相當排斥階級制度。對我而言，階級制度不但代表速度慢，也暗喻著資訊流通的阻塞；它代表著一層又一層的許可、命令及控制，也就是一次又一次的「不可以」和「不行」。這在步調快速的市場中，不管是對領導者或是公司而言，都與做決策所需的速度背道而馳。

資訊在成形的最原始階段，並不是以很明確清楚的完整面貌呈現，所以公司更必須鼓勵資訊在各階層自由流通。我如果發現任何異狀，便會立刻詢問任何一個可能知道事情源由的人。反之亦然，任何員工有問題時，也會知道公司希望他能把問題提出來，透過電子郵件或在會議中提出都可以。

當然，重點不在於規避管理的責任。相反的，直接的連結有助於提供更多知識，以便能以更快的速度，進一步了解在營運中實際發生的狀況。如果某個產品小組的某位工程師對某件事有看法，而顧客的意見也證實了他的疑點，我希望能知道這個狀況。從公司內外的源頭所得到的片段資訊，也許無法每次都有助於找到答案，但至少有助於把重心擺在緊急問題、機會或新的創意上。

用單一目標讓員工動起來

戴爾的文化，藉由重視結果、結合股東與員工的利益等方法，降低了企業政治的意味。希望公司的員工除了了解這些目標之外，也可以眞正關心公司的成功。

戴爾公司大部分的員工都擁有公司的股權，這是員工認購股權計畫、配股獎金還有退休金計畫的結果。我們評估了員工對公司的表現之後，不但以現金獎勵，還贈送公司的股票。不過在戴爾公司還有另外一項承諾。要成爲公司的老闆，你必須以老闆的思惟來思考。當大家的思考行事都像個老闆時，他們所感受到的個人投資也就會更明顯表現在對公司的全心投入。我很驚訝爲什麼大部分提供股份給員工的公司，沒有看出這一項重點。

要讓員工以老闆的思惟思考，你必須提供他所能夠接受的度量方式。戴爾公司每一個員工的獎勵和獎金制度，都與企業的健全息息相關。而我們所學到的評估健全度的最好方法，就是「投資資本報酬法」（Return on Invested Capital, ROIC），利用這方法可以計算出，相對於資金成本，戴爾是否有效爲股東創造價值？如此一來，「投資資本報酬法」便可以幫你確認哪些事業表現最好，而哪些沒有表現出應有的成績。

我們爲何會想到用「投資資本報酬法」？事情要追溯到一九九三年。那時我們必須過濾各種不同的事業項目，整理出透過不同方式銷售的狀況，包括零售管道、給大型公司、小型公司、一般消費者、銷售不同的產品、在不同的地區進行等，每一項有其特點，並且必須了解哪一項是成功經營，而哪一項表現欠佳。我們藉由計算投資資本的報酬及每項事業的成長來決定策略。非常順利經營的項目，可以帶來很高的資本報酬及成長。

「投資資本報酬法」已成爲鎖定焦點的工具。我們在一九九五年在全公司大刀闊斧推動這概念，宣導正面的投資資本報酬法所帶來的利益，不但在公司快訊上刊登相關文章、張貼海報、舉辦經理人員講座，還以「麥克的話」專欄來加以闡述。

我們明確解釋每一個人所能提供的助力，包括減少週期時間、消弭瑕疵品和報廢品、銷售更多商品、預測正確、衡量營運支出、增加庫存週轉率、更有效地收取應收帳款，以及正確行事。而且我們將其作爲所有員工獎勵補助計畫的核心。我們決定要依據投資資本報酬和成長的矩陣來獎勵員工。更優異的表現，可以導致更高的投資資本報酬；而最後則會以更高的獎勵作爲回饋。

最值得一提的是，我們把這個既有效又精密的概念，轉爲公司所有員工都能了解的文字。這不只對高階層主管有利，從工程師、產品經理到支援小組，每一個在戴爾工作的員工都開始思考，如何讓營運更有利潤，如何增進投資資本報酬的表現。

聽到全公司上下熱切討論盈虧或資產負債表，或討論或思考公司的投資資本報酬，而在決策時也會以其爲標準，是很有意思的事。他們不再以「小我」的方式思考，而能考慮到「大我」。這樣也有助於重申我們注重數字的文化，使得公司價值觀的定義更清晰。投資資本報酬法讓我們的企業得以維持能人管理制度。

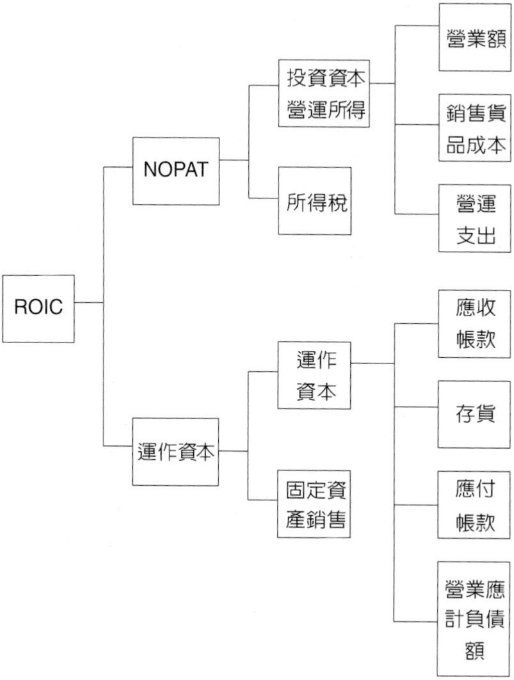

能帶動ROIC的因素：
◎價格、產品組合、數量
◎銷售力生產力
◎預測
◎轉移成本
◎原料成本
◎研發及資訊系統成本
◎產能管理實付審計（out-of-box audit）
◎物流－進貨／出貨

◎品質及顧客服務
◎應收帳款之條件及時間
◎存貨條件及運送積壓
◎未交付訂貨／前置期
◎時間過剩及過期風險
◎應付帳款條件及時間
◎IBU風險／現幣風險

戴爾公司在1995年針對全球員工發行的內部刊物中，刊登了這份圖表，說明會影響「投資資本報酬」計算的幾個要素。

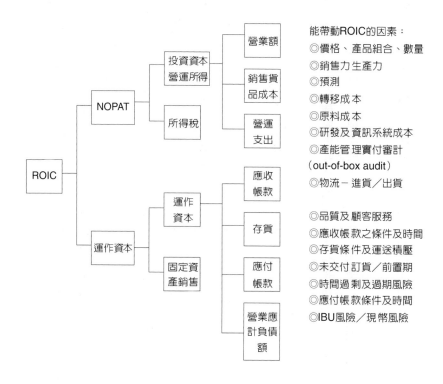

一家所有員工都是自律的「老闆」的公司，在理論上聽起來好像很了不起，但如果目標不夠明確，可能會變成一片混亂。這套制度在戴爾能行得通，全因爲我們擁有一貫的策略，以及解釋明確的目標：

◆**把學習視爲一種必需品，而非奢侈**。當商業以這麼快的速度在變動時，一不小心就會在市場落後。今日的領導者必須有求知若渴的心。

◆**研究明確的現象，以求得隱而未現的解決方案**。如果你想解決顧客的問題，就直接向顧客詢問他們希望見到的解決辦法。這種問題解決的「同理心」，可以得到創新的想法。

◆**如果失敗可以創造學習的機會，就要樂於接受**。維持現況也許沒有任何風險，但也絕不會產生利潤。

◆**不斷提問——即使對看起來沒問題的事物也提問**。再也沒有比這個更好的進步法了。不要掩蓋壞消息，不要不願意接受困難的問題。時間即一切，愈早動手處理這個議題，愈能迅速解決。

◆**與所有人溝通組織目標**。把組織的焦點放在顧客，而不是階級制度，也要鼓勵員工有同樣的態度。

◆**即使員工實際上尚未擁有股權，也要把所有的員工當成老闆**。一旦他們眞的擁有公司，他們便會開始注意整個大方向的目標。榮譽感一旦能與強烈的個人投資並存，便會產生神奇功效，建立起更大的責任感。

我們的員工終將體會到，他們就是驅動整個營運的動力。他們知道，自己的成功會帶動公司的成功，反之則不然。知識帶來力量，不論所知道的內容是有關商業運作的方式，或服務顧客的正確方法。我們所有的實驗、問題、學習，都是爲了追求一個目標：找到下一個範疇，爲顧客創造更大的價值。

讓你的員工擁有知識、能力及權限，可以放手去做他們最在行的事，將其帶到「公司屬於員工」的最高境地。我發現，這個方式爲公司帶來的成就，超過其他任何的方法。這是我到目前爲止的心得。

祕密3

比顧客更了解顧客

比他們更早知道他們的需求

今日的消費者，能在衆多製造商提供的各項產品中自由選擇。

所以，想針對顧客需求來設計產品或服務方式，

不只是要找到顧客要什麼，

也不只是以合理價格提供高性能產品——

更重要的是，要比顧客更早知道他們自己的需求。

怎麼做才能提早知道顧客的需求呢？

想得到答案，你只需要開口問就行了。

戴爾最著名的一點，就是與顧客的親密關係。公司初創時，這種「直接連結」讓我們不但在衆多競爭者當中鶴立雞群，還使得我們有效分配資源，以提供最高科技、最新產品與最大價値。即使到今天，我們在某些程度上還是以這些特色聞名，但現在的顧客對自己的選擇很有自知。所以，科技、產品和價値等因素，只是入門的最基本條件罷了。

把重點放在速度與服務的完整顧客經驗，是企業競爭的下一道戰線。

這種趨勢現在就看得出來了。除了爭取顧客和滿足顧客之外，你還得一次又一次讓他們高興，這才能建立顧客忠誠度和持續公司發展。

我們發現，要抓住顧客需求及維持他們滿意度的最好方法，是建立一種互惠的對話關係。而關鍵在於「對話」，我們不能只是說而已，還得聽他們想告訴我們什麼。與顧客建立直接的關係，才能掌握他們的喜好、需求與各種考量。這麼做，你不但能知道哪些事行得通，也能明白爲什麼行得通。如此一來，那些耗資千萬、用才無數的新創意，便可以在這些顧客上試銷，還能透過他們的回饋，來了解整個運作是不是方向正確。

以下種種技巧，可說是我們戴爾與顧客合作共同發展出來的。我們盡全力從他們身上學習，以求增加我們產品的價値，促進他們業務的發展。但只彙整顧客資訊是不夠的。在下一章，我會用一個實例來說明我們如何運用這些資訊，以顧客爲中心，在市場上佔得機先。

認識你的顧客，了解你自己

如果說，顧客的完整經驗是下一道戰線，爲什麼我們的競爭者還沒有進入戰場呢？這問題問得好。

企業界有一個諷刺：儘管顧客是我們的命脈，但會想到去爲顧客量血壓、探脈搏的公司少之又少，在電腦產業尤其如此。爲什麼呢？這一半是歷史的影響，一半是習慣使然。

我喜歡把電腦業的創立當成一則寓言來講。故事一開始，有一群聰明的科學家，在實驗室或家裡的車庫辛勤工作，發明了一種叫電腦的東西。這電腦很厲害，會做數字計算和文書處理等很多事。那群科學家孜孜不倦辛苦多年，不斷把這電腦原型改進翻新，直到有一天，他們的發明總算可以公諸於世了。因爲這是個前所未有的東西，所以科學家們認爲它至少可以爲他們賺到個幾百萬沒問題，顧客們也覺得能擁有一台電腦是很幸運的事。

然而，故事的結局如何，大家都知道。

聽起來也許把事情簡化了，但這個小寓言主要是說明，推動電腦產業的動力，從一開始就不是爲了符合顧客需求，而是科學家追求創新的發明精神。早先這種態度非常普遍，漸漸形成一種習慣；然後不知不覺中，在整個產業結構裡根深柢固。初期產品的設計幾乎完全沒有考慮到顧客，只是電腦研發者爲發明而發明的結果。雖然發展出不少很好的軟硬體，但顧客花大錢買到產品，不見得符合他們的需求。

這是種兩敗俱傷的局面。許多發明出來的東西沒人買，而顧客對科技的渴求又逼得他們不管喜不喜歡，不但只能在有限的固定產品中選擇，還因爲價格昂貴而分擔極高的研發成本。

更糟的是，當時的電腦公司採垂直整合，也就是說，每個公司自己製造硬軟體與操作系統，這更造成高訂價的策略。此外，各家自行其事，演變成系統不相容，電腦系統間幾乎不可能進行資訊交換。

這種低效率的情況當然維持不了多久。規模經濟迫使電腦產業由垂直整合、封閉與獨佔性的模式，轉型爲以產業標準化爲基準的模式。這也使得電腦業擺脫爲發明而發明的高價新科技，開始把焦點放在建立一系列依科技等級而訂定不同價位的產品。

消費者終於有選擇了。

從顧客角度研發產品

事實上，我們是第一家依顧客的直接回饋來建立組織的個人電腦公司。以電腦工程師觀點爲中心的公司認爲：「我們來發明個什麼東西，看看能不能推銷給可能有意願購買的顧客。」而我們戴爾的態度與他們截然不同；我在創立公司時便確定方向，要敏察顧客的意見與需求，以此來設計產品與服務顧客。

戴爾所秉持的這種新理念，讓我們能以低價位提供最好的科技。我們完全依照顧客訂貨的需求與時機來生產，所以可說是完全消除了因爲購買過量零件、庫存與賠錢拋售存貨等所造成的成本。這也讓我們能加快組裝運送產品的速度。我們省時，顧客省錢。價格低廉，是我們能維持市場優勢的主要原因。但要維持長期的良好業務關係，便得依靠高品質的產品與服務①。

從垂直封閉模式的時代一路走來，電腦業的改變，大半是出於不得不然。在競爭愈演愈烈的情況下，顧客當然不可能再忍受以前那些毫無效率的做法。今天全世界有三億部個人電腦，其中絕大多數使用相同的應用軟體；因爲規模如此龐大，所以售價可降低到目前的程度。解除了互不相容所造成的障礙後，今天的消費者不但選擇多，對產品也更有某種程度的信心。消費者知道，買了個人電腦後，不但有多種應用軟體可供使用，以前受的訓練也可直接運用在新系統上。此外，消費者還能在衆多製造商提供的多項應用軟體中自由選擇。

針對顧客需求來設計產品或服務方式，不只是找到顧客要什麼，也不只是提供合理價格與高性能產品而已。更重要的是，要比顧客自己更早知道他們的需求。

怎麼做才能提早知道顧客的需求呢？

想得到答案，你只需要開口問就行了。

爲顧客把脈

要創造良好顧客經驗，不能全靠自己揣摩，還必須與顧客密切配合。靠直接模式之助，這不難做到。直接模式的第一要點是認識顧客；第二是了解他們的需求和好惡，以及最在意的價值；第三，了解你能對他們業務效率的提升能有什麼幫助。

我們常爲顧客把脈。每週五十萬人次的電話、網路訊息及面對面的接觸，讓我們曉得還有哪些地方需要努力。顧客不但幫我們找出成功的做法，幫我們循序漸進，更幫助我們在「奧林匹克專案」那類的錯誤投資還未陷入太深時，及早脫身。最令我們驚訝的是，顧客們最在意的其實是我們徵詢他們意見的誠意。能與製造商有直接的對話，要比被迫向競爭者購物更能提高顧客的滿意度②。更重要的是，我們建立的關係不只是一次買賣交易而已，我們更注重持續的資訊交流，在更了解顧客後，爲他們提供更好的服務。

這是種雙向交流。我們對消費者，提供最新產品與產業走向的訊息，幫他們維持競爭力；消費者對我們，則提供產品與服務需求的正確資訊，幫助我們更精確投資，以增加利潤。

但不是所有的回饋都受到同等重視。有些公司把顧客意見當馬路新聞，當做對市場走向判斷的參考。這種把回饋質化的做法，效果有限，因爲他們問的是一種有預設立場的問題。問一個消費者喜不喜歡他剛購買的電腦，就好像問他覺得自己聰不聰明，這種問法得不到客觀或有建設性的意見。這類的問題，要在消費者第二次購買電腦後問，才能得到有意義的答案。他會不會再買你的電腦？會不會向朋友推薦你公司的產品？我們累積這類資料，來了解顧客滿意度的眞正意義，並在日後的關係裡，持續爲顧客把脈。

我們試著把這過程再往前推一步，發展出一系列衡量顧客經驗的測量法；我們追蹤記錄訂貨與送貨過程和產品的可靠度，並從顧客角度來提供服務與技術支援。如此評量所得的結果，不但有詳細數據，還能立刻反應顧客意見。我們的業務設計得非常有彈性，所以能立即依評量結果做回應，我相信這是最好的顧客經驗。

任何一種產業最大的挑戰，是要在顧客需求與本身供給之間找到平衡。如果你能仔細聆聽顧客回饋，知道他們需要什麼、有哪些偏好，以及你滿足他們這些需求的能力如何，便能完全掌握住隱含在這些需求中的商機。

顧客回饋還能幫助你由整個市場的創意中獲益。電腦業有成千上萬家公司，如果某家公司有任何好的創意，消費者很快就會採用。他們會問：「你們爲什麼不像某某公司那樣做？」這是很好的學習機會。

沒有人能獨佔所有的好創意，因此，學習與執行創意的速度便是關鍵。重點不在於你知道多少，而是能以多開放的方式和多快的速度，來學習新創意。與顧客建立直接關係後，除非你對他們的意見充耳不聞，否則你一定可以得到市場上的最佳資訊。

擁護你的顧客

不同的顧客，提供意見的方式就不一樣，這是很正常的現象。對大型顧客，我們採取經常性面對面的晤談，還有派駐在顧客公司現場全職服務的業務小組；對小型顧客或一般消費者，我們除了建立網路上的調查與現場市調外，還主動用電話與顧客聯絡，徵詢他們的意見。這些是任何一家公司都做得到的事。

我們與衆不同的地方，是回應顧客意見的方式。

一切要從原始資料開始。我們的業務與技術支援部門，每天都收到成千上萬的電話、電子郵件、顧客意見卡、意見信和傳眞。當一位業務代表要花一整天與三十到四十位顧客對談時，他所得到的回饋便會非常集中而有代表性。比方說，如果這位業務代表在一天內接到許多詢問有關某產品的事宜，便知道要立刻向產品經理或小組主任報告。管理階層人員也知道要立刻細心評估業務代表的推薦，立即思考如何做出最迅速有效的回應。

因此，我們的業務部門與技術支援組便成了顧客的擁護者。當一位產品經理想知道，即將推出的新產品應該具備哪些功能或特性，他可以找一大堆業務代表到會議室來，直接問他們，顧客要什麼。如果有人在過去一個月內，常接到有關十六GB主機或二十四吋電腦螢幕的詢問電話，他就可以立刻向經理反應。同理，如果某位業務代表因爲我們沒有某項產品或因爲產品廣告內容不淸而喪失一筆生意，他就可以去找產品經理：「我們得馬上把這問題搞定。」

經理人都明白這類回饋的價值，事實上，每個區隔部門經理唯一的工作，就是顧客服務。爲什麼呢？因爲我們顧客需求的差異很大，如果把一群不同的顧客擺在一起，絕對無法照顧到所有人的需求。如此一來，也就無法了解每一個顧客的特殊需要。

只要出現一項需求，業務小組便立刻召開跨功能的會議，以求及時回應。每個業務部門都有產品經理，時時刻刻聆聽業務需求，務求與市場現況同步的程度。有時，他們還會和業務人員一起接聽顧客來電，或是親自陪同業務小組造訪顧客。如此，他們便能最精確衡量各項產品的顧客喜惡，並立即做最適當的回應。

我們的目標，是即時與顧客連結，收集有效資訊，做顧客的最佳拍檔。

僅次於心電感應

我們常說，唯一能比網際網路更有效率的溝通方式，只有心電感應。藉著直接式業務模式與網路的結合，我們讓與顧客建立的關係發揮更大效益。

大型企業顧客利用「頂級網頁」，可以與我們的技術支援與問題診斷資料庫直接連線。當然，這也包括他們可以用無紙張訂單的方式訂貨。不過我們的作法遠超越一般人所認識的電子商務（e-commerce）。透過網路，我們提供內部發展的種種技術支援工具，顧客要求的任何服務，都可以在特殊的電腦系統中取得資訊。同時，由於這些網頁是依照顧客需求而設計的，所以顧客自己公司所設的詢問站所需要的任何資訊，也都能立即取得。這同時爲顧客和戴爾省錢，彼此的關係也更穩固。

比如說，顧客可以直接與產品製造部門連線，了解他們訂貨的進度如何。透過「頂級網頁」，他們也能和隔夜快遞連線，確實知道產品是不是已經寄送出來了。

以網路爲基礎的個人化科技，讓我們對個別用戶的習慣與需求非常了解，因此對小型企業和一般消費者，我們也能提供類似上述的各項服務。因爲我們有完整的顧客檔案資料庫，顧客一上線，我們便能馬上提供符合他需求的資訊。

舉例來說，如果你想買多媒體系統，我們可以依照你在註冊時塡寫的資料，提供最適合你的資訊③。我們的做法是要能切入重點。比方說你買了一台 Inspiron 的筆記型電腦，六個月後有個軟體的新版研發完成，我們可以立刻通知你，把下載新版軟體的網址給你，方便你馬上安裝。如此，省時省錢的效率幾乎像心電感應。

最近，我們在公司的網站上增加一種自我診斷的功能，涵蓋了數百種解決問題的模式，以互動方式引導顧客解決常見問題。由於我們網路上技術支援的比率漸高，顧客們也逐漸由電話求援轉爲在網上求助。因此，我們的技術人員便可投注在較高價值的工作上。在銷售與技術支援這兩方面，每五次網上服務可抵一次電話服務，每少一通電話我們平均節省八美元。

關鍵是在盡可能沒有品質落差的前提下，縮減服務顧客需求的時間與資源。這有兩條路可行：一是建立電子資訊的雙向道，另一則是與顧客面對面溝通。

建立雙向目標

我們以網路爲基準的溝通方式，當然沒有完全取代與顧客面對面的眞人接觸。事實上，網路服務的作用，是讓技術人員有更多的時間與精神，針對較複雜的問題提供一對一的服務。

我們一直尋求能消除摩擦與阻力的方法，特別是在技術支援方面。關鍵之一是了解顧客打電話給我們的最主要原因。我們能不能做更有效率的設計，讓產品更容易安裝使用？我們產品的銷售能不能更有效率，從問題根源就解決問題？我們要如何改善顧客經驗？

爲達成以上目標，我們有常態性的討論會，保持與顧客間資訊的自由交流。我們在全世界的分公司，包括在愛爾蘭的利麥立克、馬來西亞的檳榔嶼、中國廈門、巴西的亞佛拉達（Alvorada）和美國德州的圓石城等各地，都特別設有簡報中心，依需要爲顧客做技術簡報。每個分公司每天有二到三次的簡報，公司內外也常有一對一的會談。

各項討論會中，與顧客的溝通是最完整而有生產力的，這是我們爲在亞太、日本、美歐等地區大顧客所辦的「白金領導會議」。

「帶你到度假勝地，聽我們吹噓公司豐功偉業」式的會議，在商業界，尤其是電腦業已屢見不鮮。但我們的方法大不相同。

戴爾公司的「白金領導會議」是完全互動的：顧客參與議程的訂定，資深科技人員介紹未來幾年產品，並諮詢顧客的意見，還針對銷售、服務與工程等進行分組討論，以及其它與戴爾公司沒有直接商務關係議題的自由討論。比方說，他們會問：「你們如何過渡到Windows 2000？你們如何處理筆記型電腦的市場力量？」等問題。

像英商聯合利華（Unilever）與北方電訊（Nortel）這兩家公司，即使性質完全不同，但因爲在使用個人電腦上有共同的問題，所以還是有可以互相學習的地方。除了業務與技術人員外，我們也常派那些一直忙於研發產品的人員去參加這類會議。所有資深高層管理人員也必須參加，在會議中聽取顧客狀況的第一手資料；戴爾人員和顧客與會的比例是一比一。

每次會議，我本人一定至少參加三天的會程。雖然向來在處理業務時，我就堅持要常與顧客進行一對一的會談，但這種把多位顧客聚集於一堂的會議，其意義與效用特別重大。

由於與會顧客都盡心準備許多周全的意見，所以每次「白金領導會議」一開始，我們都會先回顧上次會議的結果與改進情況。所有會議也都採持續記錄的方式。舉例來說，許多年前，負責桌上型電腦的工程人員認爲，顧客要的是最高性能的電腦，而且速度愈快愈好。但參加「白金領導會議」的顧客說：「沒錯，功能強的確很重要，可我們是航空業（或銀行業），電腦快三分慢兩分對我們沒什麼大差別。我們要的是穩定性高的電腦，不要那種每年都得更新的產品。」爲回應他們的需求，我們設計製造了可以使用多年的電腦，可以跨越「世代」。

這種領導階層會議背後的概念很簡單，可是每次會議的成果，像是製造筆記型電腦使用的壽命較長的電池，或在廠爲顧客安裝軟體等，不但爲顧客省下數百萬的成本，也爲我們創造了數十億的利潤。

基於「白金領導會議」的成功，我們開始專爲各大學院校的資訊部門主任舉辦類似的會議。也針對其它區隔的顧客群舉辦不少研討會。我們幫助顧客處理他們在轉型期間沒有考慮到的狀況，他們則幫助我們了解我們沒有察覺的問題，在這過程中，雙方關係不斷加深，顧客們在有問題時也知道有誰可以依靠。

設計要量身打造

不管你做什麼行業，要記得：顧客是不一樣的；他們的需求、顧慮與期望，言人人殊。對顧客做出區隔，則是我們找出他們相異點的重要策略。

區隔化不但使我們更接近顧客，也使我們更了解他們的需求與操作環境，獲得更重大的策略上的認識。區隔愈細，焦點愈清楚，愈能針對每個區隔提供不同的產品、服務與技術支援。

比如說，大公司對產品的持續性比較感興趣，願意少一點速度與功能，但多一些電腦平台的穩定性。同時，由於公司裡有這麼多人使用電腦，他們希望多多少少能加以控制。銀行、航空公司和律師事務所，重視的是電腦連線的穩定與持續。

在另一方面，一般消費者關心的東西就很不一樣。由於一個消費者大多只有一部電腦，所以持續性通常不在優先考慮的範圍內。對一般消費者而言，重要的是速度要最快、功能要最強、周邊設備要最酷，像是最新的繪圖卡或DVD電腦光碟機，或上網最快的連線。

我們也發現，不同的顧客對服務與技術支援的要求也大不同。大公司雖然需要的技術支援項目少，卻都是很複雜而且附加價值高的技術支援。當他們主動找我們時，是要他們的技術人員與我們的技術人員談。比如說，NASDAQ股票交易最大的問題，在於每百萬分之幾秒就得提供最新股票行情，還得要美國東西兩岸一致，不容許任何技術上的困難。所以，我們在NASDAQ現場必須有專門技術人員駐守。

那種溝通，大不同於與一般個別消費者的溝通。一般消費者需要很多的技術支援，而我們的技術人員要能用最簡單易懂的方式爲他們說明。

服務與技術支援的需求也因產品而異。桌上型、筆記型電腦與工作站的問題一般是在白天出現，伺服器則因爲不能在白天大多數人使用時關機，通常是在夜晚安裝，而伺服器的問題當然也通常在半夜發生。因此，我們必須提供一天二十四小時、全年無休的服務。

你應該了解不同顧客的不同需求，再試著把他們的需求納入公司的策略。你愈能與他們連結，你的服務與產品就愈能被顧客採用。

專一整合服務

最終極的區隔化，是專一整合服務，這類型的服務，我們提供給少數幾個全球性的大企業顧客。戴爾在每一個這類顧客的公司都派駐業務小組，專心針對那家公司的特殊需求提供服務，所有產品與服務的整體策略也因應這些需求而設計。這眞像是要把我們的業務融合在他們的業務裡。

像是波音、福特、AT&T和北方電訊等公司，我們對待他們一如對待一個個國家，事實上他們也眞的是規模龐大。波音公司曾說：「我們專攻飛機，不搞電腦。」這說明了我們爲什麼要有專門服務。

以波音公司爲例，我們派駐的業務小組有超過三十位技術專門人員，提供所有電腦相關服務，包括電腦安裝與軟體規劃。軟體規劃的意思是說，依照每個成員的工作性質裝設特殊軟體。比方說，工程人員與財務人員需要的軟體是不一樣的。對於周邊設備我們則採融合的方式，把印表機及其它設備軟體與電腦結合，提供現場整合，並負責所有與個人電腦相關產品的服務保證與零組件提供。此外，我們還會重複使用過量或過期作廢的設備，以求達到資產回收的目的。基本上，任何他們必須自己處理或聘請別人處理的事，我們一手包辦。換句話說，我們成爲他們業務總體中不可或缺的一環。

這種個人化的策略不只適用於大型顧客。而不管在任何狀況，最重要的是你得把顧客的業務需求和自己的需求看得一樣重。

戴爾公司的焦點不只是創造價值，也不只是解決問題，我們盡全力做到兩者兼顧。如果能了解顧客使用我們產品的經驗，我們就可以修改設計或改變製造程序，促使顧客整體經驗更趨完美。

顧客們其實非常善於表達。如果你願意與他們建立直接關係，細心聆聽，一定可以學到很多東西：

◆**只了解自身所屬的產業是不夠的**。你還要盡可能了解顧客以往的經驗，這包括顧客與你競爭對手或其它公司的經驗。顧客經驗是無所謂邊界的；想在服務業領先的人，一定要能做到跨領域悠遊，讓對手瞠乎其後。

◆**時間、資本與工作力等資源非常珍貴，千萬不要浪費來揣測如何滿足顧客**。在商業界，爲創造而創造是沒啥了不起的。不管是高科技產品或衛生紙，你只需要研發你明白知道顧客眞正需要的東西。如此一來，顧客滿意，你也能降低成本，提高利潤。

◆**身段不能抬高，與顧客的關係愈親密愈好**。爲顧客把脈，不只是偶而打通電話問兩聲就夠了。你與顧客愈接近、顧客愈容易接近你，你就愈有機會隨時學習，看透顧客的心。

◆**把高科技與高接觸感**（high touch）**結合**，利用網際網路取得確切的量化資料，與顧客保持同步。同時，要多多創造面對面的傳統式的溝通機會。比起一些僵化的正式會議，與顧客共享若干輕鬆時間，更能讓你多聽少說，學得更多。

◆千萬別忘記，**每一個顧客都有不同的需求、恐懼與疑慮**。即使你有很多顧客，還是要爲每一個顧客設計出量身打造的服務，在學習的同時，提供最個人化的服務。

獲得意見回饋的完美方式當然不只一種，不過，我們的做法算是近乎完美了。我們把現有的全部科技，以最有效的方式運用在滿足顧客需求上。藉著提供成本低又易用有效的新科技，我們奉獻全力，改善完整的使用者經驗。

要想建立眞正整合的組織，你必須直接由源頭做起——也就是由顧客做起。不過，這只是起點。下一步，是充分利用顧客資訊，創造高品質高性能的產品、服務與業務解決方案。

註釋

①我們發現，價格其實只佔顧客購買原因的三分之一，另外三分之二是服務與技術支援。

②一九九一年，J.D. Power 對電腦業做了第一次消費者滿意度調查，戴爾得了第一名。這證實了消費者因爲能在交易過程中發表意見，所以向戴爾購買產品的滿意度，絕對比向傳統經銷商管道購物高得多。

③許多顧客對網路隱私權的問題很關切。戴爾從創業開始，對顧客資料便秉持絕對保密的原則。這也就是說，不管顧客是在網路上，還是用電話、傳眞購物，在任何情況下我們絕不會出售顧客名單。有些公司在出售名單前會先取得顧客同意。我們的做法則非常簡單：絕不出售。

祕密 4

顧客絕不只是顧客

和顧客結盟之道

很多公司只從單一的角度與顧客建立關係，
比方說，只從行銷的立場或僅出於業務的需求。
而戴爾與顧客所建立的直接關係，
則可以同時兼顧成本效益及顧客反應，
運用所有可能的方式，與顧客結盟。
事實證明，這樣的關係已成為我們最大的競爭優勢。

能不能找到可以更接近顧客的方法，攸關公司的成敗。但光這樣還不夠。身爲一家顧客至上的公司，若要致勝，必須運用所收集到的資訊，打造出一個沒有缺失的策略性夥伴關係。

這是達到虛擬整合的關鍵。

虛擬整合背後的整個概念，就是藉由網際網路這一類的科技進行直接連結，彷彿眞的把顧客帶進企業結構中，以便比別人更快速、更有效率地滿足他們的需求。

很多公司只從單一的角度與顧客建立關係，比方說，只從行銷的立場或僅出於業務的需求。而我們與顧客所建立的直接關係，則讓我們可以兼顧成本效益及顧客反應，運用所有可能的方式與他們結盟。事實證明，這樣的關係已成爲我們最大的競爭優勢。

只不過，要如何做到這樣的效果呢？首先你必須保持開放的彈性做法，即使不能在顧客提出各式各樣的需求之前洞燭先機，也必須要能在他們提出的當下立即回應。

我們在與顧客合作以不斷對話的過程當中，發展出許多成功的策略。以下便針對其中幾項仔細討論。在通力合作之下，雙方都能得到更大的好處，不但能爲顧客節省時間和金錢，創造出足以成爲運作良方或甚至爲全新行業開創契機的解決方案，而且還能提供科技上的新觀點，發展出適合顧客也適合戴爾的產品。我們從顧客身上學到許多課題，而其背後的原則都可以套用在其他公司或產業上。

在機殼外增加價值

戴爾公司的員工常會聽我提到「我們最好的顧客」，然而我們最好的顧客不見得是最大的顧客，也不見得是購買力最強、對協助或服務要求最少的顧客。所謂最好的顧客，是能夠給我們最大啓發的顧客；是教導我們如何超越現有產品和服務，提供更大附加價值的顧客；是能提出挑戰，讓我們想出辦法後也可以嘉惠其他人的顧客。我們稱呼這種狀況爲「在機殼外」。我們的最佳顧客扮演著前導指示的角色，告訴我們市場的走向，提供各種點子，讓我們精益求精；他們提高標準的門檻，鼓勵我們不斷提升，從一家銷售零散服務的公司，轉變成一家提供整體服務的公司。

記得在一九八〇年代晚期，我曾拜訪位於倫敦的英國石油公司。倫敦當時的房地產市場正處於一個過熱的階段，地價很高。英國石油公司的資訊工程人員帶我參觀了他們位於總部的電腦部門，整個樓層都用來裝配電腦。我看到有些人把電腦從箱子裡拿出來，安裝上特定工作的軟體及網路介面卡等特殊功能，並且刪除他們不需要的部分。我當時覺得非常驚訝，不只是因爲英國石油公司必須耗費異常龐大的經費來組裝機器，也因爲必須用到高成本的地段空間。而這些空間他們大可運用在其他目的上。

我們看著這些人依照公司的特別需要組裝電腦時，這位工程人員忽然問我：「你覺得你們公司可以幫我做這些事嗎？這樣我們就不需要應付這些個人電腦。」我想了想後回答：「當然可以，我們很樂意。」有些事對我們的顧客來說非常昂貴耗時，但對我們輕而易舉，我們也能因此獲得絕佳的機會，增加了其他產業的顧客也能因而受益的價值。

大約在同一個時期，Amoco石油公司也和我們連絡，他們提出：「我們所有的電腦都向戴爾購買，你們可不可以在電腦中加入某一種的網路介面卡？」我們回答：「我們自己的系統也要用網路介面卡，而我們是測試過才使用。現在我們的使用都沒問題，所以當然可以替你們做這項服務。」於是我們設立了一套特別的程序，讓我們在為Amoco組裝電腦時，可以順便加入他們所需要的介面卡。我們在一個很簡單的步驟中，從程序中壓縮出更多時間，不但增加了他們的速度，強化我們產品的價值，也進一步加深雙方之間的關係。我們也藉著這個絕佳機會，建立了稱為「戴爾Plus」的新業務部門。如今這個部門在系統整合服務中，成為一項價值百萬的計畫。

花費時間親自探訪顧客實際營運的地點後所得到的概念，遠勝過邀請他們到「你」的業務範圍。你可以體會到他們每天在營運上所遭遇的問題和挑戰，也能進一步了解他們在服務他們自己的顧客時，你的產品能造成什麼樣的影響。

製造和產品發展的策略，應該基於顧客意見而調整，這概念對我們而言似乎是再清楚不過了；但對這個產業內的其他公司而言，看來並無太大功效。我們的顧客常在與我們談話時，告訴我們其他競爭的電腦公司的典型反應：「謝謝你們的建議。我們現在沒有辦法修正，但等到下次我們修正產品時，會試著做到這些。」而這一等，通常就是一、兩年。相反的，我們幾乎是立即回應這些建議，並融入我們的策略當中。

以伊士曼化學公司（Eastman Chemical）爲例，這是我們最大的顧客之一。他們擁有自己特殊的軟體需求，而這些應用軟體有些是由微軟公司授權使用，有些是伊士曼自己撰寫的程式，有些則與他們的網路連線有關。通常，他們會在買到電腦之後，把電腦從箱子中拿出來，然後由工程支援部門的專人到每個員工的桌上把系統接好，再安裝這些軟體。正常來說，每部電腦的安裝需要花一到兩小時，以及數百元的經費。

他們當然可以透過經銷商購買電腦。經銷商向製造商訂貨，製造商負責出貨給經銷商，由經銷商開箱，取出伊士曼公司不要的零組件，裝上他們需要的部分，接著載入軟體，再交到伊士曼的員工手上。然而，這不盡然是伊士曼想要的解決方式。

我們看到了新的機會。我們用一百MB的高速以太網路，在全球的工廠建立起龐大的網路，並且把伊士曼公司的軟體影像（software image）載入龐大的戴爾伺服器中。當我們位於全世界任何一家工廠的生產線裝配出電腦後，只要在連線時伺服器辨認出它是伊士曼公司的分析工作站，幾百MB的資料，在幾分鐘內就能迅速透過網路下載到工作站的硬碟中，成爲工廠生產線工作的一環。

而我們的顧客省下來的經費怎麼處理？他們可以自己留著。我們原本大可說：「這項工作本來要花你們三百塊錢，所以我們只收兩百五十元好了。」可是我們沒有這麼說。我們的收費相當低，而產品和服務變得更有價值。這代表我們不再只是他們的個人電腦供應者，我們成爲顧客的資訊工程小組的一部分。

顧客有更重要的事兒，不必把時間耗在個人電腦上面——他們正是這麼說的。他們說：「我們是銀行；我們造車子；我們是航空業。根本不該做這些額外的事。你們爲何不能接手？」

在我們對於創造整體顧客經驗的承諾之下，我們不但能力足以應付，也樂意這樣做。你若願意以整體的方式解決問題，或是提出可能的方案，跳脫傳統界限的框架，盡量致力於增加更多價值的話，當然也做得到。

創造機會，以求共同節約

幾年前，我們開始聽到顧客表示，他們很在意持有及使用個人電腦的整體成本。有趣的是，根據某家顧問公司的分析，在持有一部個人電腦的成本中，只有百分之十五到二十是硬體的成本。雖說這個數據在其他分析師和顧客之間還有爭議，但它已成爲產業界的熱門話題。

購買的成本當然重要，也很受重視，但顧客逐漸感受到，有一些成本沒有妥善管理。針對此，我們想出了一套新的模式，稱爲「最低生命週期成本」。這個模式涵蓋了顧客在整個的產品生命週期所必須負擔的成本，包括從把系統運送到使用者桌上、整個使用期間，到最後被淘汰搬離桌面。我們建立了一個電腦化模擬程式，顧客可以利用它來建立整體成本的模式，找出可以省錢的地方。現在，電腦業已把營運重點擺在持有總成本（total cost of ownership）上，但這概念我們兩年前就提出了。

我們發現，藉著尋找與創造任何和完整顧客經驗相關的機會，可以讓我們脫穎而出。「最低生命週期成本」的模式，讓我們可以向顧客展現直接商業模式力量。

還有其他類似的例子。過去幾年裡，幾個歐洲國家相繼立法，要求電腦零組件必須可以回收再使用。其實，生產更爲環保的系統，一直是我們深深關切的問題。因爲我們知道，如果整個電腦業每年安裝一億部電腦，到了某階段就必須拆除一億部電腦——但我們考慮得更深一些，試著發展出既符合環保需要，又能爲戴爾提供附加效率的產品。

有了這一層考量，戴爾的設計小組便遇到電腦外殼設計上的挑戰，如何做出可完全回收，還更易於建造的外殼，並能減少製造和服務的時間。如今，我們的外殼設計已經可以完全回收，也不再使用黏膠或油漆。而且我們推行這些計畫的地區，一開始就是全球同時進行。

就是這外殼設計的部分，也成爲追求更低的整體生命週期成本（或叫持有成本）的主要工具。我們率先放棄使用螺絲、鉗子、螺栓來固定外殼，而改採滑動架或只是單純地扣住。這讓戴爾工作人員及顧客服務代表更容易進到電腦內部。這種原本爲節省時間而設計的做法，最後也爲雙方省了錢。

這種解決顧客問題的創意，也增加了我們的盈收，是創造雙贏的最佳範例。

受重視的顧問

平均每一個月，顧客就會聽到新科技問世的消息，諸如伺服器或工作站方面的新系統轉型、英特爾最新的微處理器、LCD顯示器新科技、電池科技最新發展，以及筆記型電腦的重量又減輕等等。電腦業不斷在科技上推陳出新，許多改進方式最後也加進我們的產品當中。不過對顧客而言，如果不小心慎選，科技的份量很容易就會超過他們所能招架的程度，甚至根本無法符合他們需求。

身爲顧客的顧問，我們試著幫他們做出正確的決定，讓科技可以眞正爲他們的業務增加更大的價値。很簡單，這只是把顧客的挑戰視爲我們的挑戰。如果顧客遭遇電腦系統支援的問題，我們不能說：「這是你的電腦，裡面附有使用手冊。你就自求多福吧。」如果我們不爲他們的問題負責，這些問題必會以另一種面貌重新浮現，而最顯著的形式就是喪失顧客。

我們也試著把顧客在產品上的投資視爲自己的責任。我們會檢視整個價値鏈，然後自問：我們如何幫助顧客管理科技的複雜性，爲他們降低成本？我們要如何影響整個產業，以降低這項科技的成本？

與顧客一同討論未來的科技走向，還可以爲他們帶來更大的價値；這種互利，有著顯而易見的價値：我們不僅能借用顧客來試驗新創意，也可以早在著手設計系統之前，測試市場對產品特性的需求。對顧客而言，這項過程對他們的長期規劃大有裨益；及早明白顧客的需求，可以讓他們事先針對科技的改變而計畫因應措施，不只是被動地接招。這項工作是我們目前的重要課題，因爲如果缺乏事先計畫，必定無法應付新科技的連番攻勢。顧客倚賴我們爲他們過濾出他們需要了解的項目，找出未來到底哪些變數會對他們產生影響。

比方說，電腦業發展出一項功能，能使公司裡即使所有人都不在辦公室，也可以透過連接在網路上的裝置，從遠端啓動電腦，來進行軟體升級、問題診斷及資產管理等作業。任何新功能的出現都是這樣：在還沒有建立一個產業標準之前，各家公司會推出自己的版本。我們會向顧客解釋新科技，讓他們因而能針對一個看似很棒、卻還沒有得到產業支持的概念，做出正確的判斷。

我們的主要科技人員會撰寫報告，介紹新科技的產生，幫助教育顧客有關電腦業的重要趨勢；我們的顧客和員工都可藉此了解，什麼是ACPI能源管理，Pentium II 微處理器爲什麼超越前一代的產品，最新的微軟作業系統中的哪些功能有助於把個人電腦管理得更好。

我們會要求最頂尖的軟體和硬體工程師，必須與顧客舉行研討會，討論未來五年裡的科技發展趨勢。工程師描述著科技的走向，以及標準可能改變的方式，但顧客更想聽到工程師告訴他們，購買某項產品的最佳時機爲何。

所以我們不願只成爲電腦的供應商，我們想成爲顧客在制訂科技策略時的顧問。

爲了當個受重視的顧問，思考就不能局限於現有產品，還要尋找加強整體顧客經驗的方法。如此一來，公司與顧客的關係一定會更形鞏固，建立起最紮實的信任、誠實及夥伴關係。

協助澄清吹噓的幌子

電腦業常傳出許多大肆吹噓的幌子，以及所謂的「蒸氣產品」（vaporware），也就是那些敲鑼打鼓宣佈即將問市，但其實尚未準備好，或根本胎死腹中的產品。有時候，顧客會受到報導的影響，向我們要求我們根本沒興趣發展的產品。也許，向顧客說「不」，會違反想在市場上銷售產品的概念，但這其實是很重要的課題。理由？因爲顧客寧可接受事實，也不願被誤導，即使這條道路看起來很有趣。

就以筆式運算（pen computing）爲例。有一段時間，許多電腦公司一致認爲，筆式運算將會取代鍵盤，成爲資料輸入的主要方法，特別筆記型電腦更會如此。ＩＢＭ、康柏、東芝及蘋果電腦等公司，都開始發展並銷售手寫輸入的筆記型電腦。然而我們沒有跟進。有一家發展手寫筆軟體的公司，寄了一部手寫裝置給我，我試著用這工具寫下意見給他們。不過根本不可行，因爲這東西根本不能用！

我們索性發展了手寫操作的原型科技，但只是爲了讓我們的顧客知道，我們也是有能力生產這種東西的。做簡報時，說到這項科技預期在市場上哪些地方派得上用場，也說起如果決定要發展這項科技的話，我們可能會實施怎樣的策略。最說我們說：「這科技很有意思，但我們覺得它尚未成熟。不過，一旦它發展的速度加快，我們必會立即推出這項產品。」

我們幫助顧客在這場科技選擇的風暴中加速前進；他們也幫助我們保持謙虛。我們一同體會，**下一個產品和下一個「有用」產品**這兩者的差異何在。

把顧客變成老師

在最好的夥件關係裡，學習是雙向進行的。這是我們堅信不移的道理。我們從最早期開始，就因著顧客而維持正確的走向。一九八九年決定結束奧林匹克專案，便是很重要的例子。在那之後，也不乏其他的例子。

有幾次，我們對某些科技躍躍欲試，但如果我們沒有事先諮詢顧客，最後很可能會演變爲大敗筆，浪費時間和精力；還有些時候，電腦業大談新的發展，而我們的顧客完全沒有興趣。

我記得在一九九一年，電腦業對於所謂的ACE聯盟（ACE Consortium）產生一股狂熱。當時英特爾剛推出三八六微處理器，而康柏、Zenith、AST、DEC和微軟則聚集在一起，一致認爲，與三八六對峙的MIPS微處理器最適合下一代的個人電腦。業界開始發展計畫，要以MIPS的晶片爲基礎來設計產品。相反的，我們坐下來和幾個顧客討論，問問他們的意見，顧客們都說：「我們爲什麼要買這個東西？」他們比較在意的是保護現有的投資。事實上，他們非常重視產品轉變到下一代時可能會產生的相容性問題，在乎的程度遠超過我們（任何一個廠商）的想像。我們做出一個結論，認爲MIPS不會爲我們帶來任何機會，決定不在這方面投入任何資源。

我還曾和顧客討論過有關PC電視的問題。我從他們的反應中得知，PC電視不至於壯大到足以帶來利潤。我們在個人數位助理、電視設備、網路基礎的資訊應用等方面，也有過同樣的經驗。理論上，這些是很棒的創意，但並不值得我們追求；我們的顧客不感興趣。

很讓人吃驚的是，在業界，很少有公司在創造新科技時，眞正做到把顧客的目標放在心上。比方說，一九八七年時，ＩＢＭ推出ＰＳ／2，主要特色是其中代號為ＯＳ／2的新型作業系統。ＩＢＭ宣稱，ＰＳ／2有更強的表現、更好的保障，還可負載其的功能。但實際的情況是，ＩＢＭ意圖透過專屬科技重拾產業龍頭老大的地位，而ＰＳ／2就是他們打出的一張牌。但對顧客而言，這項專屬設計沒有提供任何與現存利益明顯不同的好處。ＰＳ／2在市場佔有率上慘敗，遠非預期的收穫，ＩＢＭ也從此無法恢復他們在個人電腦市場所失去的佔有率。今天，ＩＢＭ是美國排行第六的個人電腦公司。

我們當然會犯錯，也還眞犯下不少錯。當我們犯下任何錯誤時，至少可以因為我們的顧客反應比較迅速，而能因快速修正而得到好處。我們通常不會讓所發現到的損失惡化為更大的問題。而我們之所以知道要快刀斬亂麻，乃拜顧客所給的諸多寶貴建議所賜。

有人曾引用奇異電器公司（ＧＥ）的魏爾區（Jack Welch）說過的話：「我們所做的每一件事，目的要不是想爭取顧客，就是要維繫住顧客。」我們很高興告訴大家，魏爾區也是戴爾的顧客；他這話正好是帶領戴爾前進的信念。我把我自己百分之四十的時間花在顧客身上，有人聽到這個比例時會說：「哇！你眞是在顧客身上花不少時間啊。」

我回答：「我以為這就是我的工作呢。」

當你經營一家公司甚至一個集團時，分配時間的方式有太多種。對我而言，沒有任何事情比和顧客相處來得更有收穫、更新鮮。我會問：「我們做的還可以嗎？你覺得我們的服務好不好？」如果是面對一家在全球各地都有營運點的公司，我則會問：「我們在其他國家的分公司，對你們當地的服務做得好不好？有沒有任何需要改進的地方？戴爾團隊有沒有好好照顧你們的需求？你們公司希望追求的目標中，有沒有什麼地方我們幫得上忙？」

顧客知道，我不想得到不眞誠的讚美，不要求他們再次肯定我們的實力。他們從我所花在他們身上的時間和品質，以及我所提出來的問題得知，我想要聽實話，也希望在討論結束後，可以帶著一些想法離開，繼續努力於建立更有意義、更受重視的夥伴關係。

我們也會嘗試以下的做法：

◆**著眼於整體大局**。對顧客的問題採取頭痛醫頭、腳痛醫腳的服務，並不足夠。你必須樂於投注資源，想出解決目前問題的方案，也要看得更遠，了解它的潛力。

◆**以顧客所提供的建議來經營公司**。你該自問：這是單一事件還是趨勢的指標？這是否意味著發展的成熟時機？甚至要進一步問：這裡是否有著一項全新業務的可能性？

◆**永遠想到結果**，不只是自己公司所得到的結果，還必須考慮對顧客造成的結果。

在加強與顧客的夥伴關係時，能否幫他們省錢？以策略性的角度思考顧客的業務，找出方法協助他們降低成本、增加利潤，這些都可以同時增進他們對於他們自己顧客的服務品質。

◆不僅只販售自己的商品或服務，**更要扮演顧問的角色**，讓自己對顧顧客更有價值。傳達專家的建議，而不附帶任何限制，以顯示自己是值得信賴的夥伴。

◆**以學生自居**。聆聽和諮詢同樣重要。你可能會對自己的產品和服務太過投入，而無法客觀評估，顧客卻可以提供非常必要的觀點。既然他們是最後購買商品的人，早點知道他們的意見，總是比事後才了解來得好。

一般來說，顧客不見得特別喜歡我們電腦產業，但戴爾公司想辦法超越他們對我們產品與服務的期望。當你持續提供較好的產品和服務，讓顧客滿意，便能增益忠誠度。當你能超越現有格局，建立有意義又值得懷念的整體經驗時，便贏得了終生的顧客。

我們最終的目標，是希望聽到顧客說：「買電腦時，選擇戴爾，這是明智的做法。」

祕密5

借力使力，尋求互補

與供應商相處的哲學

傳統產業堅信，如果不建構自己的零組件，
便永遠無法在過程中握有足夠的控制力。
但戴爾公司與供應商合作之後發現，
如果能與全世界最棒的供應商結盟合作，
對於產品品質的控制程度，高過凡事都自己動手。
我們借力使力，讓自己迅速擴大規模，
而不需要投下大量的人才和金錢，追求在零組件上成爲專家。

戴爾是一家很重視「關係」的公司，從前面幾章關於我們如何與員工和顧客溝通的討論，你應該已經體會出這個特點。但我們還要做到更多。也許，從我們與供應商之間的強力結盟關係，最能反應出我們透過結盟來達到共同目標的意願和能力。

在這一章，我將與大家分享，戴爾如何與供應商形成策略性的夥伴，使我們能加快傳遞的速度，推出最新最好的科技，並且具備最好的品質。你也會看到，與供應商保持溝通，看來也許簡單，但如果眞的做到，對於公司的競爭力會有顯著效果。

而在下一章，則會討論我們如何讓這些直接關係發揮得淋漓盡致，以便進一步實踐我們的潛力，使庫存量更低，上市速度更快，對於品質絕不妥協。

你應該猜得到，這兩章所舉的例子都和科技有關。喜歡聽每百萬瑕疵比例、MHz、GB、主機板等議題的人，會感到親切；至於不喜歡這類話題的人，請記住：我們討論的首要前提是「關係」，是如何與攸關公司生存興盛的人共事。談的儘管是科技，但我相信，其中道理對你也適用。

嚴格界定你的價值

如果你像我一樣，以區區一千美元創業，你會把每一塊錢都花在刀口上。你必須學到節省、有效率、謹愼；你也學會只做可以對顧客與股東增添價値的事。從戴爾創立的第一天開始，我們就思考：「應該自己製造零組件嗎？還是請別人來生產合乎我們設計規格的東西？」

在電腦產業中，所有先驅的公司都不免必須創造自己的零組件，因爲他們別無選擇。他們必須成爲許多零件的專家，才能得到自己需要的零組件。通常，這無關乎爲顧客創造價値。

隨著整個產業成長，愈來愈多專業的公司發展轉而生產特定零組件。戴爾那時是一家小型公司，沒有足夠的經費自製零件，但我們問自己：「我們爲什麼要生產零組件？」與其他競爭廠商不同的是，我們的確有另一個選擇：向專門的公司購買零組件，從他們的投資中獲益，而我們專注在自己最在行的部分，也就是直接爲顧客設計、傳達解決的辦法及系統。

在與供應商建立早期的結盟關係時，我們所採取的策略，完全合乎自己的快速成長。我們借力使力，讓自己迅速擴大規模，而不需要成爲介面科技、半導體、主機板或其他電子組件的專家，畢竟這些科技都需要再投下大量的人才和金錢。善用供應商的專業效益，也是一次對抗傳統智慧的機會，可以從中發現新的價値層面來提供給顧客。

傳統產業堅信，如果不建構自己的零組件，便永遠無法在過程中握有足夠的控制力。但我們在與外面供應商的合作後發現，事實上這樣做，對產品品質的控制程度，高過凡事都自己動手。怎麼辦到？你可以選擇與全世界最棒的供應商合作。

你可以在提供零組件的廠商中，評選出具有最佳專業、經驗及品質的供應商。如果已出現新的程序，能把品質推到更高，你便與已具備這項優勢的廠商結盟，而不必陷在為了併購供應商而投入的投資中，動彈不得。

如果，與你合作的某家廠商沒辦法應付這樣的需求，你可以和其他廠商合作，增加額外的產能。與幾家不同的供應商配合，以此分攤風險，而不是讓自己勞累不堪，你便可以更快速、更有彈性地得到所需，把精力集中在眞正能夠增加價值的地方。

這麼做，目標是為了讓自己知道，何時可以為某個程序增加價值，而什麼時候不行。選擇自己想要的項目努力超越；其他地方，就找最佳的夥伴來吧。

與供應商互補

顧客常對我們說：「我們不想動手碰電腦，那是你們的工作。我們只想知道可以得到電腦系統，而且有良好的支援服務。」我們對於磁碟機、記憶體和螢幕也抱著同樣的想法。公司的目標應該是尋找能彼此互補的合作夥伴。

不過，光是與某家公司合作，並不代表你在這個結盟關係上的責任已了。以我們的例子而言，不創造某項科技，並不代表我們就聽天由命。我們的直接模式，在我們與供應商的關係上顯得更有意義。

我們與供應商建立合作關係時，雙方對於品質的期望有很明確的共識。我們會向他們解釋何謂直接模式，而這對他們又有什麼好處。我們向他們解釋，我們所創造出的商業運作模式，可以極有效地把他們的零件科技、產品或服務，推到一個快速成長的龐大市場上。他們通常很樂意爲我們提供科技專業。

供應商還可從其他層面獲得這種直接模式的好處。我們由於是直接與顧客接觸，因此能快速把顧客反應提供給供應商，這是他們無法從其他電腦公司得到的額外好處。我們的顧客幾乎會立即告訴我們，什麼功能對他們有用什麼無用，供應商便可盡速調整，視情況而做適當的改善，甚至調整原料的輸入。

比方說，我們從日常進出貨就可觀察到，顧客的採購方向是否從十七吋螢幕轉移到十九吋；他們是不是已捨棄陰極射線管而選擇平面液晶顯示器。我們也可以看出，這樣的改變到底是只發生在特定的顧客群，或代表整個市場都改變了。我們根據評估，可以讓廠商明白市場的走向，而廠商可藉此針對顧客需求，迅速調整產品的組成，如此一來，他們可以改善自己庫存的效率和週轉速度，我們也受惠。

供應商說，這種及時的回饋，對於他們是無價之寶。依照傳統作業方式，若不先處理完囤積在產銷管道中三十到五十天的庫存品，就沒辦法如此快速掌握市場的脈動。

我們把新產品推到市場上的直接模式，速度夠快，也讓我們的供應商能以新的科技，在市場規模和市場穿透力上更快佔有一席之地。比方說，我們剛與新力公司合作，由他們提供所有筆記型電腦的鋰電池時，這個果斷的策略，不只讓我們重回筆記型電腦的市場，也讓新力獲得策略性的勝利。新力的能源科技工程師在東京和我接觸時，只知道可把鋰電池結合在一或兩個的電池組中，但對於筆記型電腦所需要的十個電池組合毫無概念，而我們則具備這項知識。透過我們，他們得以進入一個龐大的新市場。

我們總是鼓勵及早利用相關科技，例如鋰電池。以英特爾最近推出的四十項新微處理器爲例，戴爾公司以同樣的方式，在同一天推出大量備有這四十種科技的產品。英特爾的前任總裁葛洛夫（Andy Grove）喜歡說：「唯偏執者得以倖存。」（Only the paranoid survive.）我們認爲，即使是偏執的人也需要朋友。

而也還是得盡到自己的責任。我們必須隨時注意顧客的需求，隨時觀察並了解材料科學裡的最新發明，從半導體、聚合物到液晶顯示器等都要了解；追蹤所有與電子流動有關的知識；也必須時時追問，這些發展對顧客可能有什麼用處。顧客不會跑來說：「我等不及要用鋰電池了。」他們卻會表達期待：「我想要一部能用一整天的筆記型電腦，我不希望在飛機上遇到電池沒電的狀況。」

要不要把顧客的欲望轉換爲相關的科技，全看我們。這表示我們必須與顧客密切聯繫，與供應商保持主動溝通，以便把握機會。

就某個程度而言，我相信，戴爾的表現鼓勵了整個電腦業走向更有效率的境界。我們也要求所有合作廠商，在供應零組件科技時要有效率，不斷改進品質；我們的要求，讓廠商能一起成長，變得更具競爭力。當顧客向我們表達某需求時，如果我們認爲這暗示著更大的市場或未來趨勢的指標，便會要求供應商把需求轉換成發明。我們會針對這項零組件科技下一張數量非常大的訂單，好讓我們所採用的新科技能具備足夠影響力，成爲業界的標準，降低所有使用者所負擔的成本。

比方說，以往有項高速記憶體，稱爲「同步動態隨機讀取記憶體」（SDRAM），專門用在功能超強的工作站。正當我們推出具有更強力的處理器、功能表現更強的 Dimension 桌上型電腦時，顧客告訴我們，傳統的記憶體無法充分利用這種新功能表現的等級，在執行多媒體應用程式時更是如此。於是我們找來記憶體和處理器的供應商，共同會商。提供記憶體的供應商修改了設計，以便能配合更強力的處理器。而現在，SDRAM已成爲桌上型電腦的基本標準。不過這項科技又快被我們努力推廣的RDRAMS所取代了。

推動產業標準，而不是投資於開發新的專屬科技來解決顧客的需求問題，不但對我們和供應商非常有用，也讓整個市場更有效率。假設我們和另一家競爭廠商都向同一家供應商購買磁碟機，而這項零組件是基於產業標準進行生產，各個製造商都收到大量的需求，讓供應商有更大的彈性。我們也可從中受惠，不必因爲供應商必須專爲戴爾提供此項零組件而付給他們額外的費用；顧客也可以在成本和相容性方面，享有更多好處。

因著與供應商的關係，整體結合的利益大過個別奮鬥；結合互補的優點，也能造成更大的效益和生產力。

關係單純，但是緊密

戴爾公司在發展初期，擁有的零組件供應商超過一百四十家。在成長過程中，供應商數目自然也增加了，以趕上需求大量增加的速度。然而，我們很快便發現，爲了維持與供應商的關係，在營運上添增了無以計數的複雜度和成本，包括了爲電腦所需的種種零組件進行設計、品管、測試等的費用，建立各種關係及在市場上實際支援的費用，還有業務小組、服務小組及顧客，因廠商衆多而造成困擾所引發的成本。還得加上我們一些大顧客高聲吶喊，要求我們達到一致性，而這唯有透過與較少數的供應商建立穩固關係才做得到。

現在，我們的原則是保持單純，盡量壓低供應商的家數。不到四十家的供應商，就能提供我們大約百分之九十的原料需求。與較少供應商建立較緊密的關係，是降低成本和更進一步加速產品問市速度的絕佳辦法。

當你垂涎顧客市場中「最甜」的那一塊時，要試著從那一塊甜區的需求來供貨。你也許會想：「爲了囊括百分之百的市場，我們可能需要八種不同的特定零組件。但如果只用其中三種，則可以涵蓋百分之九十八的市場。」這百分之九十八就是那一塊甜區。

道理很簡單：走向複雜，是死路一條！

推論出的道理也很簡單：**培養親近關係，必獲利**。

隨著我們在拓展到全球，我們必須決定，是要以地區層面或全球層面來擴大供應商的範圍。對所有的全球性公司而言，這是很重大的決策，當世界市場的競爭愈易激烈時尤其如此。那時候，我們在每個國家的裝配中心有許多不同的供應商，當然這其中有地區性的差異：這一個國家採用這種螢幕，另一國採用另一種；而有些國家對磁碟機或鍵盤有別的偏好。

於是我們想出「培養親近關係，必獲利」這句話，把投資資本報酬（ROIC）這套衡量標準推及每一零組件和每一供應商。一旦能計算出，向不同供應商購買某零組件能爲股東帶來的實際報酬，就會很明白，工廠距離我們較近的供應商，爲我們帶來的ROIC高於工廠距離較遠的廠商。很顯然，如果供應商離我們比較近，運輸成本便較低。但由於零組件價值平均每星期降低零點五到一個百分點，與供應商保持親近關係，不但代表我們可以盡快拿到所需的產品，也可以充分運用零組件成本降低的好處。

我們向地區性供應商說明：「我們有全球性的業務，也希望你們能成爲全球性的供應商，供貨給我們全世界的工廠。但要做到這樣，你們必須能發展出足以服務全球戴爾的產能。」

果然有效！有家廠商一開始在愛爾蘭和我們合作，後來知道我們要到馬來西亞建立一個製造中心，便在我們位於檳榔嶼的工廠旁也設立了一個工廠。我們最近決定要拓展德州的業務項目，這家公司又在當地增加了一個工廠。下一步：巴西。

一旦你與全球性的供應商合作，那麼在不同國家或地區，由於對服務和品質的期待不同所造成的不一致，就會大幅消失。這種簡化的過程，減少了內部的迷惑，縮短了生產程序的時間，也爲顧客降低成本。

放棄傳統的議價過程

大部分的商業模式當中，供應商與顧客之間隔著製造商和經銷商兩道關卡，無法直接接觸。但直接模式就不同了；由於我們依照顧客訂單而建構系統的程序，極度仰賴供應商在我們需要某零組件時能適時運送，所以至少可使供應商更能改善在庫存方面的效率。換句話說，這整個觀念就是「照單採購」。

我們在和供應商合作時，通常扮演爲顧客大聲疾呼的角色。顧客每天使用我們的產品，而我們與供應商的配合是否圓滿，會影響他們業務上的成敗。我們有義務確保協力廠商能反應市場需求，這樣才能讓大家都有成功的機會，而且當顧客的資訊能經過我們而自由向供應商流通時，就更可能做到全面成功了。

我們花了很多時間，向供應商解釋我們在品質、設計目標、庫存和物流、服務、全球性需求及成本等各方面的要求。不過相較之下，成本是比較不重要的因素；了解供應商有沒有具備長期的競爭力，才是首要之務。

我們尋找供應商的關鍵要素之一，是「彈性」。由於我們每年成長高達百分之五十，所以面臨需求面的劇增，供應商需要高速產能來和我們配合，而我們的需求不能把他們全部產能估據得太離譜。

他們必須對自己投資，以趕上我們。

我們會坐下來和供應商談：「我們的預測顯示，現在需要四百七十萬個這種零組件，但也可能會增加到五百八十萬個。你們的產能多大？蓋一座新廠要多久時間？你們做得到嗎？我們會消耗你們產能中的多少比例？如果產品組合從十五吋螢幕改為十七吋的時間比我們預期的還快，或是說我們需要更多的量，這時你們如何處理？」因為我們的業務依循著三年計畫前進，所以也要求供應商必須訂出三年的產能計畫。這樣一來，如果我們在三年內需要一千八百萬個某種零組件時，才不致陷入供應商只能提供一千萬個零組件的窘境。

運送電腦零組件有各種方法。我們把供應商視為公司體系的一環，明確把戴爾每天的生產需求告訴他們，這樣便不會變成「你們每兩個星期送一萬個零組件到倉庫，我們會自行上架，幾個星期後再把這些零組件從架上拿下來使用」。反之，我們明確表示：「明天早上我們需要九千七百六十二個零組件，你們要在早上七點整送到七號門。」

公開並自然地分享計畫和資訊，可以造成大不同。但很少公司會這樣做，因爲通常買方忙著保護自己，所以賣方最多也只能想辦法滿足訂單要求。如果不知道買方的目標，便沒辦法成爲他們的合作夥伴。必須去除傳統的議價週期，代之以勤於溝通和共享資訊爲基礎的關係。

設定以數據爲基礎的明確目標

戴爾公司認爲，最難應付的顧客就是我們最好的顧客，因爲最難纏的顧客會讓你學到最多。所以，我們對供應商而言也傾向於扮演刁蠻顧客，這做法也許不會讓人太意外。我們不斷提出挑戰，要他們屢創品質、效率、物流、優越的新高，這有助於改進他們的程序，帶動成功。

我們運用許多工具來查核供應商的表現，其中一項是「供應商記分卡」。我們在卡片上明確訂出標準：清楚說出我們在每一百萬件中能容忍多少比例的瑕疵品；規劃出在市場表現、在我們自己生產線上、運送表現及和他們做生意的容易度上，我們希望看到的成果。實際上，這份供應商記分卡，就是我們針對供應商要求所進行的三百六十度評估。我們把這份記分卡拿來與我們的度量標準對照，以追蹤各供應商的進度，同時也可以對提供同類商品的其他廠商進行比較評估。

我們現在的目標，是希望在每一百萬部完成的電腦中，瑕疵品低於一千部。不過我們繼續在尋求進步。你也許會問，每一百萬部中有一千部瑕疵品，代表什麼意義？假設你在每十個零組件過程中，達到百分之九十九點五的目標，這聽起來近似完美，不是嗎？錯啦！因為如果你把總數加乘起來，會發現，這百分之九十九點五的要求，到做出產品時，只能達到百分之八十七左右。不那麼完美了吧？我們要求每種零組件百萬件的瑕疵比例，這是很有企圖心的目標，因為若長期做到每部個人電腦只有百萬分之一千或更低的瑕疵比例，就需要每一個供應商都有傑出表現；這代表每個單一零組件只能有百萬分之一的瑕疵率。

我們同時也評估供應商的成本、運送、可取得科技的能力、庫存週轉速度、對我們全球營運的支援度，以及透過網路和我們做生意的方法——網路是把我們結盟關係的效率進一步提升的絕佳工具。而光達到我們一、兩個目標是不夠的，供應商必須和我們一體，支持我們所追求的所有重要目標。我們為成功定下量化的評估方式，讓供應商了解我們的期望；而我們則提供定期的進度報告，讓他們了解自己的表現如何。廠商對此的反應一直非常正面，對於數字的客觀性深表讚賞，因為他們也可以用這一套品管標準來衡量自己的業務。

為了打造和供應商的強勢結盟，務必做到以下幾點：

◆**開發專家的才能，加以投資**。問你自己，眞的可以投注人力、時間、金錢及精力，盡力找到全世界最棒的供應商嗎？績優的公司不會期待員工具備這樣的才能，就像大部分的餐飲業者不會自己養雞，航空公司也不會自己製造飛機。公司應該想辦法為顧客和股東創造最大價值；至於其他的部分，就去找傑出的合作對象，由他們來負責。

◆**保持單純**。錯綜的供應商關係只代表一個結果：複雜。供應商的數目愈少，代表錯誤愈少、成本愈低、困惑愈少，而一致性愈高。在供應商這個議題上，少即是多。

◆**維繫親密的友誼，以及更緊密的供應關係**。把供應商導入自己的業務體系，是虛擬整合的標記。若能保持與他們在地理上或連絡上的緊密關係，會引導出更好的服務、升級的溝通、較低的成本，以及更快的問市速度。

◆**為雙方共同的成功做投資**。找時間和供應商溝通自己公司的目標和策略。死守著傳統的競價加採購的循環，絕對沒有任何好處，供應商若不知道你想達到的目標，便無法成為你的夥伴。需要克服的挑戰是，如何保持健康的彈性程度及開放的溝通管道，使供應商能滿足你顧客的欲望和需求，而反之亦然。同理，爲了確保目標的走向正確，必須尋找能與供應商互補的長處及管理風格。

◆**保持明確而客觀的態度**。在合作關係中，必須訂出公司的品質標準和瑕疵容忍度，明確且鉅細靡遺，並且貫徹執行。使用具體的衡量標準，以判斷供應商在達到標準和自我評量的制衡系統上，表現如何。

我們在和供應商合作的過程中，最令人欣慰的一件事，就是看到許多廠商眞正接受戴爾與衆不同的做事方法。五、六年前，想說服供應商改變他們的營運系統來滿足我們，也許不是一件很容易的事。但他們看到了直接模式把產業帶到更好的境地，而他們因此受益；我們也看到了對顧客和股東的價值增加，這種種事實都促進了強勢的策略聯盟成形。

這些關係的建立，是公司成功的基本要素；但要如何運用這些關係，使其成爲競爭優勢的源頭，則又是另一樁全新的課題。

祕密6

以虛擬整合取代對立

與供應商合作的方法

提供即時資料給供應商，
讓他們知道每日所需原料的組合與數量，
幫他們均衡產量，把庫存量降至最低。
若能協助供應商縮短他們在供應鏈的前置期，
並提高他們對市場需求的彈性，
大有助於縮短整個由下訂單到工廠出貨的生產週期。

把不同的業務交織組合，讓協力夥伴變成公司的一個環節，這就是虛擬整合。這個概念的出現，是因爲我們需要從顧客面取得更佳資訊，需要由供給面來改進物流管理而自然發展出來的。

前一章描述了我們與供應商建立更強、更直接的關係，本章則說明我們的成功關鍵之一：把供應商與公司做一番虛擬整合。你可以從中明白，我們用這種虛擬整合的方式結合了供應鍊與其他專業，其優點何在，又爲什麼有人稱這種做法爲「資訊時代的新模範」。

翻轉傳統的供需等式

在我們這個產業中，如果能讓人注意到速率的問題，比方說存貨流通的速率，你就能創造眞正的價值。這話怎麼說呢？如果我們有八天的存貨，而競爭者有四十天存貨，這時，若是英特爾成功開發出一種 700MHz 的新晶片，我們公司便能比競爭者早三十二天在市場上推出這種新的晶片。存貨流通速率，是我們最在乎的主要表現之一；所以我們與供應商一同關注減少存貨、增加流通速率。

在引導供應商來適應我們的這個過程中，我發現，最大的挑戰是要求他們做到與我們的步調相同。我還發現，成功的關鍵在於精準的資訊——聽起來很簡單，但無論是間接提升品質或直接改善流動作業，要做到把正確的資訊以最快最直接的方式傳達給執行人員，才能增進速率。

當我們了解減少存貨的重要性之後，首要之務，便是讓供應商擺脫以往只考慮要運送多少存貨的觀念。我們反過來鼓勵他們思考，從他們的生產線，經過我們的製造線，再到上市銷售，這整個流程的速度該多快。簡單地說，我們的焦點必須由「依計畫來購買」，改變為「**依（實際顧客）訂貨量來決定存貨量**」。傳統上依供給來決定需求的模式，必須改變爲依需求來決定供給量。

與我們合作的供應商，大多習慣採用傳統策略所說的大量製造，把大批成品運送到大型倉庫存放，經常造成產品發霉和價值大貶。然後，等到PC製造商需要原料時，才把東西從倉庫裡挖出來。問題是，不是所有的存貨都用得到，而因應需求的使用速度也不夠快，結果供給與需求雙方兩敗俱傷。

關鍵在於要讓供應商取得他需要的正確資訊，幫助他們做決定。要做到這點，必須與供應商無私地分享你公司的策略與目標。在教導供應商的過程中，我們會對他們說：「你注意，這些是我們顧客的需要，我們也想好怎麼去滿足他們的需要，但必須要有你們的配合。我們不要以往送貨的模式，我們要你們每天、每個小時依我們的需求送貨，這樣我們購貨的速度才能加快。這一點如果你們做得到，我們也會向你們買更多的零件。」供應商回答：「你的意思是，如果用小批但頻繁的送貨方式，你們購買的總量會提高？」

是的。就這樣，我們創造了一種做生意的新方式。

這種相對於「供給／需求」的「需求／供給」模式，對供應商有什麼好處呢？我們的需求非常持續、穩定，如果計算我們每天顧客的需求，會得到一條不斷上升的直線。顧客不會突然說：「我們月底要的貨，是月初的五倍」，我們的供給線也不會有因此造成的突高點。一般製造商爲了新產品的上市，或爲了符合每季營運目標，會在零售商配銷大量的舊產品，以求出清過時科技的存貨。這種傳統的間接銷售模式，常造成所謂的「通路阻塞」。但與我們合作，廠商可以保持均衡穩定的需求，也不致因爲要調整存貨狀況，而關廠一個月。

我們發現，與供應商合作時，除了要讓他們知道關於存貨的（顧客所告知的）重大資訊，還要讓他們明白，把原料、零件運送給你們公司，要比依一般模式運到倉庫囤積對他們更有好處。重點是能從供應商做起，強化他們的忠誠度與共識。要讓他們相信，這不僅使你本身獲益良多，對他們也有利。他們必須要能明白，依照你的需求送貨，能帶來更高的附加價值。必須先做到這種調整，才談得上依顧客需求來生產。

以資訊代替存貨

每日的需求趨勢，與供應商原料進貨之間的連結，是公司成功與否的一大關鍵。這個連結愈是緊密，對公司愈有好處。今日的科技提供了許多有效的管道，得以分享這類的資訊。因此，五年、十年前與供應夥件合作時做不到的事，現在都能以不同方法做交流與分享，這也使得我們產品上市的速度愈來愈快，且是快得驚人。

這項過程，我們稱爲「以資訊代替存貨」，正是我們能把存貨降到八天以內的原因。上市速度的重要性有二。第一，購買者與供應者之間的競爭價值可以共享；第二，無論是哪一種新產品，能否快速上市都攸關公司生死。

我們不斷尋求減少存貨，並進一步縮短生產線與顧客家門口的時空距離。爲達此，我們決定不碰某些存貨。

聽起來很怪，但對我們而言，這是很正常的做法。

我們有一家供應廠商，電腦螢幕做得非常好，在他們的產品上打上戴爾的字號，我們完全放心①。我們花了很大力氣讓他們做到每百萬件產品中只能有一千件瑕疵品；待他們達到這種水準之後，便可省下原本必要的驗收步驟，例如從製造商把產品用卡車送到我們公司來，然後開箱、觸摸、檢驗、重新包裝，送達顧客手中，每道手續都會增加損傷產品的風險。我們連開箱驗貨都可省了。

於是，我們對這家螢幕供應商說：「這型螢幕我們今年會購買四百萬到五百萬台左右，我們爲什麼不乾脆隨時需要、隨時提貨？」起先他們有點迷惑，因爲我們等於是對他們說：「如果你幫我們把產品由生產線到顧客手中的時間加快，我們就不會有倉庫存貨的狀況。」照一般商場的慣例，這不是件好事，所以一開始，有些供應商以爲我們瘋了。我們的做法是叫物流部門每天從工廠提出一萬部電腦，再向供應商配領一萬台螢幕。到了夜裡我們睡覺時，一組組電腦配裝完畢後，立即分送到每一個顧客手中。

我們不願意用其他人的運作方式來作業，因爲他們的方法在我們公司行不通，所以我們自行創造符合自己需求的做法，並取得供應商的合作，得以享受豐碩成果。今天，戴爾公司大量的硬體、軟體與周邊設備，都採取這種產銷方式。

供應商了解我們這樣做的理由後，他們的工作得以大大簡化。我們的訂單通常一次只有數千單位，他們需要聯絡的製造中心也只有五個地方，德州的奧斯汀、愛爾蘭的利麥立克、馬來西亞的檳榔嶼、中國的廈門與巴西的雅佛拉達。

此外，由於我們的製造量是依顧客需求而定，前置期通常在五天以內。我們手邊現有的原料只有幾天的存貨量，有的甚至只有幾小時的存量。我們與供應商保持經常性的溝通，讓他們知道我們的存貨狀況與補貨需求，與有些廠商甚至幾小時就聯絡一次，讓他們精確知道我們的需要。

但我們不只是注意提高存貨流通的速度而已，我們也向價值鏈的下游發展，幫助供應商提高他們的速率。

提升供應鏈的整體速率

網際網路提升了與顧客的親近度，也能用來加強與供應商的緊密度，做法一如與顧客建立關係的方式。我們利用與供應商的連結，和他們分享存貨資料、品質資料與技術計畫，讓他們在市場上立即可見，並讓所有相關資訊都能立即連結，同步使用。

今天，我們這整個預測與再供應的過程，需要我們與供應商雙方建立人性的互動。由於我們的工廠採用的是持續流動的生產方式，供應商與我們的配合，就必須做到天衣無縫的程度。我們的目標是，比方說當我們用了一個電源或磁碟機，另一個馬上就立即自動補充，完全依照我們需求而生。

為達此，我們為每一個供應廠商設計了與顧客服務相同的網路連線，這能進一步加速資訊交流，包括依照戴爾本身標準所衡量的零件品質、當前成本結構，以及目前預測與未來需求等資訊。舉例來說，我們為英特爾公司設計的網路連線，讓我們能更迅速有效地管理訂貨流通與緊急補貨所需的存貨。現在，我們正在進行幾項測試的企劃案，追求日後與海外供應商，甚至最終與製造零件的工廠都能做到直接連線。

許多零售商也有類似降低存貨量的策略。以威名超市為例，他們在數百家分店陳列販售的成千上萬種的商品，都以非常複雜的電腦網路來登錄管理，因此，全美任何一家分店如果賣出一支老虎鉗，便會立刻補上同款式的一支。就某方面來說，我們的方式簡單許多。我們對各項零件也是隨用隨補，但只要面對五個地點的九家工廠而已。利用網路來保持供應商與工廠間原料的持續流通，我們便能節省訂購與改進零件的時間，把精力放在增加產品價值上。

網際網路還讓我們能立即傳遞品管資料。我們每天、每分鐘都有新的產品品管資料進來，也希望供應商能立即得到這類資訊。如果我們給他們的目標是每百萬件當中只能有五百件瑕疵品，而他們目前的水準是七百五十到一千件，我們當然不希望等到每月會議時，才讓供應商知道顧客的反應。我們要他們幾乎在事情發生的同時便能知道狀況。

如果我們能加強取得資訊的速度，也就更能要求供應商在品管上進步。

更緊密的連結，也能改進存貨流通的速率。我們的存貨量平均不到八天，在歐洲的工廠還達到只有四天的程度。如果你訂定的目標是以小時而不是以天來計，對情勢的掌握便能有更高的解析度。如此一來，由於你面對的數目字較大，要降低這個數字的機會就更大了。

當然，你可能會愈來愈厲害，做到完全善用了降低存貨量所提供的各種良機。比如說，把存貨量由五天降到四天，對財務的影響很小；眞正的挑戰在於持續成長、開拓市場與產品開發。你看我們，在把業務由一百八十億擴展到五百億的同時，還能維持這麼低的存貨量，實在是世界頂尖的水準。

我們提供即時資料給供應商，讓他們知道每日所需原料的組合與數量，幫助他們均衡產量，把庫存量降至最低。幫助供應商進一步縮短他們在供應鏈的前置期，並提高他們對市場需求的彈性，也大有助於縮短整個由下訂單到工廠出貨的生產週期。

研發合作

資訊產業向來自豪於他們在研發上所作的投資。在過去十年間，研發不只代表一家公司目前的價值，更是公司未來發展性的重要指標。戴爾公司非常淸楚，不管研發目的是什麼，對顧客所增加的價值，絕對比實際所花的金錢更重要。

電腦產業每年花在研發電腦系統與相關科技上的金額，高達一百二十億美元，其中微軟與英特爾兩家公司便佔了一半，其餘則分攤在其他數百家公司上。

我們每年花費三十餘億美元與兩千五百位人員，致力於研發符合顧客需求的科技，而這當中還不包括我們爲業務轉型而投資在網際網路等科技上面的費用。

由於做了這些投資，我們的產品才能在科技媒體與產業分析家的評價上出類拔萃，更重要的是，我們在市場需求上領先其他花了更多投資經費的競爭者。這是因爲我們不管在採購或販售，都非常謹愼評估所有的選擇；對於何時鼓勵他人發展技術，何時自行研發，我們都很小心。如同其他所有戴爾的業務決策一樣，我們堅持以「爲顧客增加價值」爲指導方針。

該製造什麼與購買什麼，我們會依照該產品在一般市場的容易取得的程度來作測試。如果某產品在市場上已有各式供應來源，就表示要發展這項產品並不難；但如果這東西在市場上已可輕易獲得，我們也很難爲顧客增加價值。所以，只要情況許可，我們不但要是最早提出新科技的人，還要做出最好的產品；否則，想有高獲利率的機會就很渺茫。

以一九八〇年代後期為例，當時許多個人電腦公司致力發展影像卡。但在IBM為自己的個人電腦發展影像卡的同時，康柏也為自己的個人電腦發展影像卡，其他二十多家公司紛紛成立，專門發展影像卡。那時候，我們必須做一個選擇：我們可以擺出第二十一匹黑馬的姿態，加入這場工程大競賽，不但與那些新創辦的公司競爭，還得和IBM與康柏兩家大公司一較長短；要不然，我們可以把時間與工程人才拿來，找出到底哪家公司的影像卡做得最好，然後試著與這家最棒的公司結盟，共同創造最佳產品與解決方案。

有人或許認為，戴爾沒有對影像矽晶片加以投資，是一項策略上的錯誤；還有人認為，我們最後的決定只不過是一次行銷上的動作。我們自己則視之為工程上的練習。我們很願意運用我們所擁有的工程專業能力來評估不同的公司與產品，並藉由提供意見、創意、專門知識與人才給我們的企業夥伴，來共同追求成就。

當然，我們可以聘請一組世界級的專家，為我們設計出類拔萃的影像卡。不過，這種投資所獲的報酬率，真的吻合我們公司的目標嗎？還有，它夠持久嗎？加入一場新的活動或你根本不應該加入的活動，風險很大。問題不是你投入的資本能不能有最好的回收結果，真正要考慮的是公司焦點的問題。確實了解價值從何而來，如何取得，才能正確判斷何時是與他人結盟的時機，自己又該在何時投入。

考慮顧客的工作環境

我們會弄清楚，什麼時候該去影響技術協力夥伴，讓他們修正或改變產品，藉此增進顧客在工作環境中——而非只在實驗室或工廠裡的模擬——使用我們產品的整體經驗。

所以，我們在研發方面大部分的投資都與軟體有關。我們致力於建立更簡易的安裝與設定過程，爲各種使用不同語言的機器做設定，並且改善系統管理，幫助顧客創造符合需求的軟體組合。如此一來，購買的機器一旦送抵，他們就能得心應手。不管顧客對電腦技術有多麼熟悉，他們都不需要把時間浪費來設定他們的個人電腦。

以微軟的 Windows 98 爲例，由於戴爾電腦是爲每一個顧客量身訂做的，所以周邊設備的組合會有成千上萬種可能性。以往，所謂的確保軟體安裝的確能符合顧客獨特需求，意思是指顧客買了戴爾電腦後，完成軟體的安裝還得花三十到四十分鐘。

此處正是增加價值的大好良機。我們不要顧客用我們的電腦用得這麼辛苦，於是我們與微軟合作，把我們所寫的程式放進作業系統裡。我們的程式可以分辨大量的周邊設備、語言與系統組件，如此我們便能在廠內完成所有與安裝有關的測試，確定沒有問題後，再把修改過的作業系統軟體封起來。這種做法可以減少顧客花在安裝的時間，只需二到三分鐘。

不過，有時候只靠與協力夥伴合作來解決顧客問題是不夠的。我們常常發現，達成目標的最好方式，是我們自己包攬設計的主要工作。許多購買企業伺服器的顧客面臨一個很大的問題：必須找到能放置多部大型伺服器裝置架的空間。聽起來是個很基本的問題，但牽涉到的工程專業技術可不簡單。想減少伺服器在架上所佔用的空間，表示必須縮小伺服器本身的尺寸。此外，伺服器中的高性能處理器與磁碟機會產生高溫，所以必須爲主機板降溫，因爲處理器與其它零件沒有散熱所需的較大空間。

於是，我們的伺服器設計小組便去找攜帶型電腦的設計小組，對他們說：「也許我們可以合作，把你們在爲筆記型電腦設計時學到的縮小機型與散熱等技術，運用在較小的伺服器主機的設計上。」這項合作的成果，便是電腦業第一部使用四顆英特爾 Xeon Pentium II 處理器，可裝設在裝置架上，佔四單位高度的伺服器。這項創新，可以在以往只容得下兩、三部伺服器的空間內，裝設十部含有四具獨立處理器的高性能伺服器。

網際網路也能讓各設計小組間，以及合作夥伴間的聯繫更爲密切。一個坐在戴爾辦公室的工程師、一個塑膠原料供應廠的工程師，與一個置身製造廠爲我們製造我們所設計的電路板的工程師，他們幾人所處的地方可能時差有十幾個小時，但他們可以分享同樣的資料庫與工作筆記。這三人小組可能從未同時在同一地點工作過，但藉由網路的幫助，他們可以用虛擬的方式共事，在同一規格標準下完成同一項計畫。

把企業夥伴當成自己公司設計小組來對待，讓我們建立了一個強大聯盟。我們分享產品產銷規劃圖，用他們的產品來測試我們的產品，並且讓他們了解，哪些功能必須由他們先進入市場，而其重要性是什麼。我們的設計小組中有他們派來的工程師。在推出新產品時，他們的工程師也會進駐我們的工廠。如果有顧客來電詢問任何問題，我們有能力立刻檢查，必要時還能立即對產品做改善。我們的做法不是說：「我們有這個東西要賣，你要不要買？」而更像是：「我們有這些期望，讓我們一起爲達目標共同努力！」

在關鍵連結點投資

與我們合作的供應商，通常都願意全力配合，因爲我們讓他們清楚知道，市場和顧客肯掏腰包買些什麼產品。當我們告訴供應商：「我們認爲這項新科技一定會大受歡迎。」

他們馬上鼎力支持。如果我們說：「我們的顧客表示需要這種科技，你們能不能做？」他們也會立刻做到。經由直接模式，我們爲供應商與顧客間提供關鍵的連結。

直接模式，讓我們得以結合產品創意與科技創意，並與顧客的反應和要求結合，如此也能幫助我們改進產品計劃，並把技術方面所得的回饋直接傳達給供應商。絕大多數的公司，與顧客的關係沒有他們想像中或所期望的那麼緊密。由於我們與顧客關係緊密，供應商能獲知其他管道很難取得的訊息。

就改善高品質經驗與降低顧客成本而言，有時候最簡單的方式正是最好的方法。有一次有個顧客打電話來抱怨，說電腦螢幕不能用，但在他們把螢幕運來，我們進行多項測試之後，發覺那些螢幕根本沒有任何問題。再三研究後，我們終於找到問題的根源。

那些螢幕的調整很難弄，螢幕開啓後，很難把明暗對比或視窗大小調整到清晰的程度。不管是哪一種問題，當然會讓使用者生氣，而且把螢幕運來運去，對雙方都是所費不貲的事。

於是我們把供應商請到總部來，讓他們親自聽我們的技術支援人員與顧客的對話，他們帶來的技術支援人員開始訓練我們的技術支援人員。在雙方的配合下，我們發現，透過軟體的加強與螢幕控制板的位置改換，這個問題便能完全解決，而關於螢幕保固所造成的支出也減少了百分之四十。

如果你只希望對供應商或周邊的產業動力做出回應，你最多只能和你的競爭者一樣，達到產業的一般水準而已。但如果你與供應商和科技協力夥伴合作，對他們的設計提供有意義的意見，你們便能建立強而有力的關係。要達成以上目標的做法如下：

◆**不可低估資訊的價值**。任何一家好公司的經理人員都知道，溝通是最基本的要求，但單純的分享資訊，與利用資訊來重新改創關係，是兩回事。在我們這種虛擬整合企業的模式裡，對數據資料這類資訊溝通的品質與相關性，比一般實體資產還要重要。

◆**與決策者直接溝通**。與供應商直接進行誠懇的對話，這麼做對你公司的體質健康與財富的關係很重要，一如你與顧客和員工的溝通一樣重要。不要把供應商擺在「幕後」，你在市場的競爭力，與你的供應商能否有效而快速提供銷售產品是息息相關的。

◆**反轉供需的等式**。不要屈就於標準的供給與需求關係，這套做法已經不適用了。反過來考需求／供給，這會對雙方的時間、市場彈性、成本節省、競爭優勢帶來無法衡量的效益。

◆**立即思考**。不要只做到及時送達，能不能多出時間，很可能攸關生死。與供應商有高層次的溝通，能讓你適時獲得你眞正所需。在今天，遲一點點，等於是太遲了。

◆**研發經費要用得其所**。數大不一定美，錢也不是花愈多就愈好。研發的結果必須要能眞正爲顧客增加價値，否則就不叫研發，而叫浪費時間金錢。與其投資在那些普通的「即將普及」的商品上，倒不如致力研發能讓你的整體策略在競爭者中出類拔萃的產品與服務。

◆**連上網際網路**。獲得無價意見回饋的速度，可以讓處在世界任一角落，懷有共同目標的工作人員，得以產生更緊密的連結。

把所有供應商視爲戴爾公司的一環，分享一切資訊，這樣做的結果一定是皆大歡喜。善用集體的力量，讓每個人都更具有競爭力。

註釋

①像電腦螢幕這類的產品，雖然不是戴爾製造，卻仍冠上戴爾的品牌。這在電腦業是通行的做法。

祕密 7

怎樣和對手玩柔道

優點即缺點，化缺點為利潤

先想出某一個在市場上佔有率極高，

而且在某市場區塊有高獲利的競爭對手；

再想想如何把對手這項優勢當作弱點，

進而出招，奪取那塊市場區隔。

對手面臨猛烈攻勢，必得大幅降低利潤，否則無力招架。

這種做法稱為「和對手玩柔道」。

自從戴爾成為電腦產業裡認眞爭取市場佔有率的重量級戰士之後，很多人都問我們，如何處理競爭局面。對此問，簡單的答案是：「當你只擁有個位數的市場佔有率，而競爭對象都是大哥級的人物時，你只能盡量做到與衆不同，否則就任人宰割。」把「差異化」當一種策略，說來該是大家在創造及維持競爭優勢時的常識。不過事實上通常不是這樣。不管懂不懂這道理，許多公司所採用的策略都與競爭對手相差無幾。

在本書中，我介紹過幾個促成戴爾成功的關鍵差異點，比方說提供較優越的顧客服務、達到高速的庫存週轉、把新世代的產品推到市場、把焦點放在整體的顧客經驗。當然，直接模式本身，也讓我們對於顧客需求和供應商能力有很淸楚的概念。基於我在戴爾身為經理人和策略制定者的角色，以下原則和策略，可以當作你在你的領域和產業中創造特色時的參考。

想著顧客，不要顧著競爭

許多公司都太在意競爭對手的作為，因而受牽制；花太多時間在別人身後努力追趕，卻沒時間往前看。把全副精力拿來注意競爭對手的作為，只會讓自己忽略了自己最大競爭優勢的根源，也就是顧客。今日成功的公司——或希望能在明日致勝的公司，是那些最接近顧客需求的公司。

戴爾剛創立時，希望能依照使用者的需求來設計電腦，直接銷售給他們，而捨棄當時電腦配銷的主要方法。自電腦產業出現至今，競爭廠商都透過經銷商或產銷系統來銷售出於大量製造的電腦，但我不管這回事，反倒對於一種新的做生意方法大感興奮。儘管我們的做法史無前例，但由於顧客明確說出他們所需要的產品和功能，使得我們信心十足。我們的方法能夠奏效，並不因爲我們是唯一一家採用這種方式的公司，而是因爲只有我們眞正執著於滿足顧客在品質、速度及服務上面的要求。

由於直接交易法具有極大優點，我們到某個階段就知道一定會有人抄襲，就像十年前許多公司一樣。一九九七年，賈伯斯接管了問題叢生的蘋果電腦沒多久，開始大力整頓，宣佈繼戴爾公司之後，蘋果電腦也將採用直接銷售的方法。差不多在同一個時期，康柏和IBM也相繼宣佈要加入直接銷售的行列。

我們以不變應萬變，繼續照顧顧客，而不管競爭對手。當我們的間接競爭對手宣稱他們要直接銷售時，他們發現，我們與顧客合作的作業方式有其優越性。看到對手的方法證明了自己的成功，當然很讓人欣慰，而就我們的情況來說，我相信它能加速舊商業模式（間接）過渡到新模式（直接）速度。

還好，藉著我們不斷向顧客和協力廠商收集到正確資料，我們得以持續推出適當的產品和服務，也可以決定哪一些才對我們的顧客最有價值。這不只能讓我們選擇要行銷的顧客對象，也可以決定我們要挑戰的對手是哪些公司。

用柔道方式對付競爭者

要想在任何產業中攻無不克，首先必須了解其基本的經濟結構，以覓得新的顧客機會、新產品和服務。如果要創業或經營，但把經濟狀況留到最後才考慮，一定無法發展出不可或缺的顧客和產品策略。我把這些成功要素定義為市場佔有率的成長（或說收入）、獲利率、資產流動性（或說現金週轉）。

了解產業內的利潤集中區，也就是競爭對手實際賺錢的範圍，這可以開闊視野，看到新的機會。先想出哪一個對手擁有高市場佔有率、而且在市場某特定區塊獲利極高；再想想，如何把對手這項優勢當作弱點。通常，在面對猛烈的攻勢時，必得大幅降低利潤，否則無力招架。

我們把這種做法稱為「和對手玩柔道」。

以下是一則實例。一九九〇年代中期，我們發現，許多競爭廠商有一半以上的利潤來自伺服器。更嚴重的是，雖然他們的伺服器是很好的產品，卻爲了補貼業務上其他比較不賺錢的地方而必須抬高訂價。事實上，由於他們伺服器的訂價高得超乎常理，所以等於是把額外的成本轉嫁到最好的顧客時，暴露了自己的致命傷。因此出現了一個絕佳的機會，不但能讓我們廢了競爭者繼續深入市場的功力，也增加了我們自己伺服器業務的成長。

一九九六年九月，戴爾以非常具有競爭力的價格，推出一系列的伺服器。整個市場爲之震驚。這項野心勃勃的行動，重新建立了我們在伺服器市場的地位，而我們現在已是全美第二大的伺服器供應商，佔有百分之二十的市場。我們藉由掏空競爭者的利潤來源，削弱了他們在筆記型、桌上型電腦等市場上以具競爭力的價格和我們對抗的能力。

事實上，我們七年前就曾在桌上型電腦的市場用過這個策略。當時我們的競爭者一如往常地批評我們絕對做不到，但在九個月後，我們成爲全美第一大、全世界第二大的廠商。我們並不急著搶占第一名寶座，而是從容評估機會，找出最佳的策略，成爲最強的廠商。

網際網路也是另一個讓我們和競爭者大玩柔道的絕佳方式。對戴爾公司來說，網路是直接模式的最終延伸。但對許多採取間接模式的對手而言，進入網路市場是個兩敗俱傷的主張。沒錯，他們老是在討論如何採取直接交易，如何模仿我們的業務模式，許多公司過去十年不斷嘗試，卻毫無成果。對他們來說，直接交易終將導致通路上的衝突。他們的營運模式是以傳統的產銷者、代理商和經銷商爲基礎，而不是與顧客的直接關係。一旦原本採間接模式的製造商開始與使用者直接對話時，便會和本來是爲自己銷售產品的經銷商產生競爭。

這只會讓戴爾更快就獲得更多青睞。如果顧客想直接向製造商購買，還有什麼方法比向直接銷售的領導公司購買更好呢？①

把缺點轉爲利潤

把公認的缺點轉爲優點，是我們柔道策略的另一個招數，也是我們焠鍊競爭力的方法。

回想一九八〇年代，個人電腦的銷售量開始激增，修理電腦就像要做牙齒根管治療一樣，得體驗痛楚。如果電腦是向經銷商購買的，就必須自己把電腦搬上車、載到服務中心，還要排半天隊把東西交給他們，幾天或幾個星期之後再來取回。還不保證一定可以修好。

剛創立戴爾公司時，很多潛在顧客一開始也對透過電話購買電腦深表懷疑，因爲他們認爲買了以後一定沒有良好的服務。他們猜想，在沒有店面的情況下，必須要自己把東西裝箱，寄回公司，再苦等電腦修好寄回來。當然，由於電腦的購買價格並不便宜，他們也擔心在郵寄過程中損壞的機會更大，而運費之高就更不用提了。

競爭者也假設，由於戴爾直接把產品賣給顧客，一定沒辦法創造服務上的優勢。他們以爲，藉由經銷商或店面所提供的附加「利益」，不管服務品質多糟，也一定可以取得優勢。

他們錯了。

我們一開始就看出提供非凡服務的大好機會，並且將之訂爲公司早期的目標之一，但競爭者對此毫無察覺。一九八六年，我們推出業界第一個到府維修的服務，有點類似爲生病的電腦「出診」。如果電腦有問題，你不用奔走，我們會到你所在的地方維修，公司、住家、飯店都可以，而且我們會在收到消息的次一個營業日，甚至當天就到達②。

一下子，其他廠商的服務中心看來就有點跟不上潮流了，而且眞的非常緩慢。即使是現在，你把電腦抱到經銷商服務中心去維修，時間還是可能長達兩個星期，與我們的次一個營業日眞的差太遠了。何況還不保證一定修好。一開始被競爭者認定是缺點的項目，轉而成爲大幅的優勢。

全球性的擴展，帶來另一個讓劣勢大復活的機會。一九八〇年代中期，我們正準備向英國拓展時，注意到一家名爲「恩斯萃」（Amstrad）的公司，早期在英國個人電腦市場上具有領導地位。恩斯萃公司一向以銷售「可拋棄型個人電腦」聞名，這是指當機率很高、公司售後支援很少的低價機器。然而，由於當時缺乏眞正的競爭者，他們還是賣出了令人難以相信的數量。而這也爲我們創造了絕佳的機會。

這話怎麼說？在銷售品質不可靠，又沒有良好支援系統的廉價電腦過程中，恩斯萃事實上給了英國廣大消費者一個難忘的教訓：千萬不要買品質低劣、零件不可靠、服務差勁的個人電腦。他們也創造了一個雖然幻想破滅卻具有電腦知識的使用者市場，渴望向一家能夠提供良好支援和服務的公司，購買比較精密的系統，即使這家公司一開始並沒有很大的市場佔有率當作後盾也無所謂。對我們有利的是，恩斯萃錯估了市場，而爲戴爾日後在英國所獲得的大幅成長和成功奠下了基礎。由於英國是我們向國外擴展的第一步，因此成爲我們在全球獲得成功的跳板。

我們甚至曾在法律訴訟中尋找機會。在我們剛創立時，有家競爭廠商因爲我們在廣告上的說詞而控告戴爾公司。但他們想要贏回聲譽，或者該說是贏回顧客，竟造成反效果。由於圍繞著這次訴訟的媒體報導，以及這家公司對我們廣告的過度反應，他們的顧客開始懷疑，也許在我們宣稱更高品質和更低售價的說詞中，不無幾分眞實。這次的案子爲我們帶來更多目光，也讓我們的曝光率高過自己經濟能力能負擔的地步。由於這家公司在當時是黃金標準，所以也讓戴爾在從未進入過的市場區隔中，因著他們而得到許多信譽與關注，這增加了我們的衝勁。

其他人以爲是缺點的地方，往往是利潤所在。

尋找執行上的極限

有些公司是以「萬靈藥」的概念創立公司，也就是藉由一項地位安全無虞並加以嚴格監控的萬能產品或專利來打天下。但在現在或未來的經濟形態裡，成長不再來自這類特質。關鍵不是只要擁有一個好的創意或專利產品，而是如何執行一個優良的策略。

看看迪士尼、威名超市和可口可樂等公司，他們的策略其實一目了然，但眞的非常高明。他們的策略簡單明瞭，然而很少有公司可以依循他們的成功模式。

爲什麼？這完全關乎專業知識與執行能力。

傳統上，缺少資本常被認爲是進入新競爭市場的障礙。環顧四周會發現，現在情況已非如此。以資訊作爲幫助企業加強競爭能力的工具，以及抵禦他人競爭的武器，這種現象將會與日俱增。

除了戴爾公司以外，還有無數成功的公司，儘管創立時憑藉的只是熱情與創意，但他們還是能蓬勃發展。不過，許多公司就算有熱情與創意，卻失敗了。差別在於能不能夠把使他們出人頭地的知識集結起來，同時不管他們的產品或服務項目爲何，都能繼續增進他們的執行能力。做不到這一點的公司，根本沒有辦法生存。

對於戴爾公司的許多人員來說，我們關於執行方式的領悟，來自於公司草創初期舉辦的「顧客權益推廣會議」。

在這些會議中，業務人員成爲他們顧客的「權益說客」，而這些顧客藉由與公司內不同部門的衆多員工分享議題，與戴爾公司產生關連。我們在會中當場決定要修正任何可能會影響顧客滿意度的程序。如果你定期參加這會議，不難發現一個模式：幾乎所有的抱怨都是業界眼中的「小事情」，比方箱子裡有沒有電源線、盒子設計是否容易開啓、送達時間是否按照承諾等問題。我們開始體會到，顧客比較不在意像產品功能或熱門科技等業界所謂的「大問題」，也許是因爲那些需求已經得到滿足了。我們很驚訝地發現，「小事情」對眞正在意的人來說，是「大問題」。

如果我們採取電腦業盛行的想法，大可以說：「準時送達、服務等級、附加零組件等問題，都是經銷商的責任。我們只負責製造、科技和所有眩目的功能。」但既然決定要進行直接交易，我們樂於爲所有關係到顧客經驗的事情負責，特別是那些小事情。

普遍來說，業界在下一個營業日即運送零組件這方面的能力很差。即便如此，大家還是接受現實。然而，如果聯邦快遞隔日送達包裹的比例只達百分之九十，他們還會這麼成功嗎？當然不可能。我們不再等著競爭對手設立標準，而是開始在其他產業尋找楷模，例如聯邦快遞這種在執行上有卓越表現，並且和我們一樣，以提供非凡的顧客經驗爲目標的公司。

設定頂極的目標

不管達到什麼樣的成就，安於現有的榮耀，就是問題的表徵。在情況良好時，很容易以爲自己是無敵的，但這正是最脆弱的時候。一般人在這時候會不再尋找新意和新機會，而對手也最可能開始和你玩起柔道。

我們維持自己地位於不墜的方法，就是爲自己設定最極端的目標。這並不是「讓我們努力增加百分之二十」這種基本目標，而是龐大的前景。比方說，我們在一九九七年設定，在未來幾年要透過自己的網站銷售百分之五十以上的系統。由於我們在那個時候每天在線上的銷售額達到一百萬美元，而年收入達一百二十億，所以這目標看起來似乎野心過大。但我們並不是憑空想出這個數字的，而是小心計算整體的市場成長、市場上透過網路購物的潛力，以及我們產品的潛在市場等變數。我們也不是選擇計算結果的較低目標，更不是期望可以獨立達到目標。當然是集合了全公司的力量，而且更進一步把顧客和供應商都帶進組合當中，當作是虛擬團隊的下一個層次。

到了九八年秋天，我們透過網站銷售的總額，已超過年收入的百分之二十，競爭對手卻不知道自己受到什麼衝擊，我們的人員也覺得，無法停下腳步。他們不覺得需要就此打住，反倒更有衝勁，準備戰勝下一個目標。

在研擬打擊對手的策略時，要先考慮自己的核心優勢，接著刻畫幾個紀錄。設下明確溝通的目標，以此集結所有人力。鼓勵他們提問：「我們需要進行什麼變化以達到這個目標？」讓他們退一步思考基本工作之外的事情。他們也許會想：「如果其他小組成員的做法可以稍有不同，我就可以達到這個目標。」在電腦產業，鮮少有所謂行規，你必須要多承擔一些風險。但這並不代表橫衝直撞。我們在成長之際，對於可以導致成功的創新和實驗已經有了比較好的概念，所以承擔的風險也就大大減少。

實驗，帶來競爭優勢。一旦你可以做到用系統化的方式鼓勵員工實驗，他們便會開始自行尋找方式，追求改進。

超越競爭者

有時候，一次漂亮的出擊就是一場最好的防衛。冰上曲棍球好手葛瑞慈基（Wayne Gretzky）如此解釋自己的成功：他說他並不滑向圓盤所在的地方，而是滑向它**將要**前進的方向。我們盡量保持敏捷與清醒，當競爭者趕到我們曾達到的成就時，我們早已前進到另一個更強勢、更具策略地位的位置了。

要達到圓盤將會到達的地方，必須考慮現存的所有變數，包括顧客購買行爲、科技、現存競爭狀況、潛在競爭對手等改變，而最根本的考量，是能不能以不一樣的方式運作。在科技界有一種說法：只要能力足以做到的事，一定會做到。如果某件事情可以改進，就一定有人想得出改進之道。不管是在哪一個行業，那個想出方法的人，最好是自己。

我們試著要製造這些改變。我們促使顧客透過網路購買電腦，而這做法也改變了業界的電子商務本質。但如果戴爾公司沒有預期到這些改變，便會在競爭者捷足先登之後，陷自己於不利。

科技改變的步調愈來愈快，顧客對於什麼是未來的產品，擁有更大聲的發言權。由於網際網路出現，有沒有實體地點愈來愈不重要，而看出所有掀開在桌面上底牌的能力，也將會提供消費者無以倫比的機會，可以立即評估產品和價格。在這樣的透明市場中，過去的資產很快就會變成負債。

對於所處產業的競爭版圖，要保持警覺，想辦法在發生變化之前即有先見之明。一旦產業中有夠多的人了解這些基本概念，並從這些概念出發，而且精益求精時，美好的事情便會於焉產生。這會是一種等比級數式的成長。這種在公司內累積的知識和專業，可以在新的經濟體系中提供相當大的競爭優勢。

然而，如何與他人區隔，以強化自己的競爭極限？

◆**想著顧客，而非顧著競爭**。多年下來，集體的習慣已根深柢固；競爭者代表的是產業的過去。顧客則是公司的未來，代表新的機會、創意和成長的契機。

◆**維持一種健康程度的緊迫感和危機意識**。這不代表你必須捏造完成期限，也不是要使得員工在壓力過大的情況下精疲力竭。設定稍微高過正常狀態的指標，讓員工可以用更聰明的方式運作，達到更有企圖心的目標。

◆**把對手最大的長處轉變爲缺點**。就像每一個偉大的運動家都有一個如同阿奇里斯腳踝一般的致命弱點，所有強大的公司也有其弱點。研究競爭對手的遊戲規則，藉由揭露對方最大的長處來利用其弱點。

◆**見機行事，保持快速**。特別是當機會並不明顯易見時，更要積極尋找機會。把重心擺在顧客身上，並不代表自己應該忽略競爭對手。如果競爭者現正進行的動作或忽略的事物可以提供自己新的機會，你能不能看出機會，立即採取行動？今日的競爭性勝利可以在一日之間論定，所以必須行動快速，準備充分，然後要準備好快速改變。

◆**爲求安打而揮棒，而不是非要擊出全壘打**。做生意就像打棒球，應該要追求最高的打擊率，而不是次次都要全壘打。如果你的對手打擊率爲三成，你就要達到三成五或四成。沒有人的打擊率是十成，所以也就不用白費心。應該要盡可能成爲最棒的打者。沒有任何一項大受歡迎的產品或科技可以永遠不敗，競爭性便來自策略的執行、知識的獲得、對本業經濟的研究，以及確認資訊可以在你的組織內自由流通。

◆**當一個獵人，而不是獵物**。成功是一項危險的事，因爲你變得顯眼，你也就很容易受攻擊。要永遠致力於讓團隊把眼光放在成長、致勝和獲取新業務上面。即便公司已是市場中的領導者，你也不希望員工表現出那樣的態度。那會招致自滿，而自滿會帶來毀滅。鼓勵員工覺得：「這樣很好，已經奏效。現在我們要如何運用已經證實有效的方法來贏得新的業務？」這樣的提問方式，截然不同於「我們要如何保有現有的顧客」。

如果把戴爾和其他銷售電腦的零售商或經銷商等通路競爭者並列，我們相信，我們具有許多獨特的競爭優勢。我們實際製造自己的產品，所以了解自己產品的程度超過任何一家經銷商對他們店裡東西的認識。我們和各公司內部實際負責科技的計畫人員討論，而不是只和採購部門打交道。我們的支援有很大的優勢，可以回頭要求工程小組修改或提供更好的資訊。

我們的商業模式讓我們有更高的效率、更健康的經濟動力，也因此可以投資在更精密的系統和支援，聘用並訓練最好的人才。許多經銷商現在經營得很辛苦，因爲他們的製造商極力緊縮利潤空間，也就無法招募培訓優秀的人才；也由於他們受到間接製造商的逼迫，無法擴展，而不能和我們進行全球性的競爭。你環顧四周，便會發現沒有所謂的全球性經銷商。

這些間接管道面對我們的攻勢，永遠只能接招，無法出招。

戴爾最終要面對的考驗是，當我們的直接模式不斷延伸，繼續拓展時，萬一競爭者也改變商業模式，此時我們如何因應。他們會不會找到方法，把我們自許爲獨特差異的特質加以改進？

只有時間才能證明了。

註釋

①特別是許多原本採間接模式的公司，儘管宣佈要進行直接銷售，但無法眞正直接提供產品。

②後來我們進一步推展「兩小時即到」和「四小時即到」。

祕密 8

不要討論，直接進入

在網路經濟中維持超成長

戴爾公司從不討論「管理變革」或「處理變化」，

我們是直接進入變化之中，

因爲我們本來就只認識改變。

而且，聽來也許有點違反常態，

但我們把許多時間用來訂計畫、未雨綢繆，

鼓勵員工期待改變發生，並注重改變所帶來的機會。

想要在變革的年代中找到機會，

關鍵在於必須全心擁抱變化。

不管我所到何處，也不論是去發表演說或與顧客討論，總會被問到許多關於電子商務或未來業務發展的問題。而無論聽衆是誰，總有一個簡單的問題不斷被提出：

接下來，會發生什麼狀況？

高科技產業素以其速度聞名，但現在其他產業中的業務也絲毫無法免疫。由於科技已在所有大小行業中廣泛使用，再加上資訊交換的猛烈快速，逐漸使得任何行業都必須改變，重新思考他們原先視爲能帶來成功的因素是否還能成立。

「改變」所代表的意義，不再只是針對遠處浮現的趨勢或產業帶來的影響偶爾做出反應；改變比較像是中文裡的「危機」，同時有危險和機會的含意。改變就是一種機會，具有持續、直接及暫時性的特質。一旦事情曾經改變過，你可以確定，一定會再有下一次的改變。

我認爲，接下來要面臨的考驗，是如何在恆常改變的狀態中追尋生機。

在不確定的年代中尋找機會

我們戴爾公司從不討論「管理變革」或「處理變化」，因爲我們只認識改變。如果說要處理變化，這話隱含的意思是說，改變是一種偶發性的困擾，可以被解決或控制。然而事實並非如此。想要在變革的年代中找到機會，關鍵在於要全心擁抱變化。

很多公司懼怕改變，有其言之成理的原因。當假設事情會「一帆風順」時，改變的概念便只會出現負面的意象，而會對現況產生威脅。很多公司花了無數寶貴時間和經費探討危機管理，企圖限制或盡量減少變化產生的可能性，但完全沒有想到，他們「最害怕的這件事」，有可能是他們「生命經驗中最棒的事物」。

我們則是一頭栽進變化之中。一來因爲我們只知道改變，另一方面也因爲這是當今不得不做的事。當你以直接方式交易時，絕對逃不開改變；而且由於改變可以提昇成長，所以也不應該逃避。比方說，我們已看到，透過不斷重新評估及採用直接模式，讓我們的成長得以超過自己所置身的市場。而且當公司變得更大之後，便更難增加人力、基礎建設及設備，來趕上成長的腳步。所以聽來也許有點違反常態，但我們把許多時間用來訂定計畫、未雨綢繆、鼓勵員工期待改變發生，並注重改變所帶來的機會。

把隱含在變動的市場和顧客需求當中的機會，與員工明確溝通並計畫對策，可以鼓勵員工在不懷恐懼的情況下接受改變。這也能爲你自己創造出合作式的因應之道。這麼一來，不但所有員工知道自己該怎麼做，你也能在組織中建立起一種程度算是健康的模糊性，讓組織得以更有動力地成長演化，並且以自己的步調隨機應變。

學著在改變之中還能欣欣向榮，其好處不只是可以促進業務成長，不但能教導員工更快速反應危機，更可以鼓勵他們擴大想像力，以追求新的機會。這種作法，可以提昇公司接受改變的能力，使其成爲一種競爭策略。

你要期待著，能置身於變化多端且步調快速的環境，將之視爲常態，而非特殊情況。想要在改變之中興旺，就必須了解如何不再抗拒改變，並且順應改變，從中獲得力量。

除此之外，別無他法。

汲取網際網路的活水

在傳統意義中，「改變」是個意義不定又時時變動的商業用語，而就像文化和團隊運作這些名詞一樣，大家經常掛在嘴邊，卻不解其眞意。

究竟是什麼改變了？我認爲，所有的事物都不同了。

以網際網路爲例，這是二十世紀裡，改變商業面貌的最強力觸媒之一。由於網路的問世，資訊交換的數量和速度遽增。快速及健全的資訊流通，省時省錢。也由於網路消弭了以紙張爲主的功能，使得組織層級扁平化，整合了全球性的運作，因而使得組織轉型。

如今，有了頻寬更大的網路，價格也更低廉，因此大幅降低了電腦運作的成本。而這將會撼動整個世界運作的方式——從經濟運作的速度、經濟配置的方式，到利潤取得和喪失的方法，都產生劇變。教育、政府治理及日常生活的方式，都會改變。

大部分的經濟配置，都以互動成本和交易成本爲基礎。換句話說，顧客付款購物的花費，是交易成本、發生互動的速度和互動進行的效率等等因素造成的共同結果。出現了資訊革命及網際網路科技後，這一切都好似被送進了一部大型高速攪拌機，然後以全新的面貌出現。

我先前提過，庫存價值已被資訊價值取代，實體資產也已由智慧資產取而代之。任何一家小公司，都可以備有個人電腦，連上網路，因而具備如同大企業一般的營運工具。封閉式的營運系統，讓位給合作關係，所有業務對彼此的依賴程度，超過以往任何時期。

過去，定爲高價位的專屬科技，一向被當成競爭優勢的主要來源。但隨著資訊產業繼續發展，業界公司逐漸發展成熟，我相信，產品區隔雖仍很重要，卻會變得愈來愈難做到。即將取代產品區隔成爲競爭優勢主力的，是**程序上的創新**。

而隨著網路的進展，創新的幅度將不是以微小的度量單位來計算。網路漸漸模糊了傳統上供應商和製造商，以及製造商和顧客之間的界線，而其縮短時空的程度，是過去想像不到的。當許多人把焦點放在電子商務之際，我相信，把網路當作銷售管道，這僅僅代表網路的商業價值之一二。網路的眞正潛力，在於促使傳統的「供應面—廠商—顧客」這條關係鍊轉型。

無法擁抱這些改變的公司，最終將會成爲在資訊高速公路上被碾過的殘骸。

把握平坦競技場所提供的機會

網際網路所帶來的重大發展中，最明顯的現象之一就是它剷平競技場的程度。從網際網路得到好處和受影響的，不只限於大企業或已獲利的行業。由於網際網路不懷任何歧視，因此爲小公司帶來大好機會，得以從產業老大手上掠取市場佔有率。

我想，接下來將會看到一股全新的產業快速轉型浪潮，絕不會像運輸所帶來的轉型這麼緩慢，要花許多年才從火車轉型到航空運輸。在眼前這次轉型中，將會看到傳統結構的公司受到新興而有效率的新進者的嚴厲挑戰——立即的挑戰。照網路成本效益的發展來看，市場佔有率將不會流向最大或最富有的公司，而會流向最有效率的公司，因爲他們能爲顧客提供最大價值。他們將可以用非常少的資產贏得厚利；相較於傳統模式，他們的資本生產力將會大幅改進，因爲他們會以資訊資產來取代實體資產。

由於資訊以超高速移動，因此是以更簡單、更有效率的系統在進行，而不會再出現諸如「我們的預測正確嗎？我們是否把實體資產（店面及庫存）放在實際需要的地方？我們的賭注下對了嗎？」等問題。結果，這些公司會變得比傳統公司更具規模（如果他們進入了較大的市場，更能取得大規模），也可以在很長的時間內保持高速成長。

這狀況不會立即發生在所有的產品範圍中，但總有一天會發生。況且，沒有人確切知道，一旦所有產品都出現這些改變後，世界會變成什麼樣。但你可以看看戴爾公司和亞馬遜網路書店，這兩家公司很早就積極擁抱網路，現在都以新的成本結構和效率層次，攻下了該產業內的版圖。一旦這些新建立的層次變成常態，競爭的價值便會變爲以服務、個人化、便利和容易互動爲基礎。

能夠掌握新局的公司，在成長上將會超過該產業的正常狀態，每年的銷售額和獲利至少可持續增加百分之三十。這是超成長——而我相信可以在網路式經濟中保持成長。

追求超級成長

傳統的商業思維主張，超成長是不會長久的。爲什麼這麼說？一般認爲，這樣的公司要不是已經失控，就是產品生命週期必會因某種循環而付出代價，成長就會減緩。

我必須再一次說，傳統的想法是錯誤的。戴爾公司一直享有這樣的高成長，已達十五年之久。我們藉由與顧客和供應商的虛擬整合，達到具規模的業務，並且持續以高於產業五倍的速度成長。現在，我們在愈來愈多的公司身上看到這現象；而且這些公司當中，許多都是以網路爲基礎的新興公司，或是把網路納爲商業策略核心的公司。這不讓人意外。

那麼，像戴爾這樣的公司究竟如何維持成長？而你的公司又該怎麼做，才能得到超成長的經驗？

首先，公司經濟能力一定會因爲優良產品或服務而受影響。而你必須了解，你產業中的獨特基本經濟條件和機會何在。

以戴爾爲例，我們自信，創造出了最聰明的購買個人電腦的方法，並且一步一步增加新業務項目，而且業務與業務之間能互相增效。以桌上型電腦來說，這是一項很好的業務範圍，不過，一家公司在成功後，桌上型電腦方面的成長率一定會減緩，漸漸接近整個產業的平均值。換句話說，光靠桌上型電腦已不足維持成長動力。然而，藉由增加業務項目，例如新產品（伺服器及工作站）、新服務（租賃、戴爾 Plus、資產管理），或拓展範圍（到中國和南美洲），我們過去六年來的成長率維持在百分之五十以上。

爲符合我們的成長速度，我們當然必須建構基礎架構，並擴大規模。而如何既能滿足基礎建設的需求，又不使基礎建設超出成長的程度，是任何一家超成長的公司都必須磨練的功夫。

但超成長公司背負的包袱算是輕的，他們比較沒有不容褻瀆的傳統策略，沒有久遠既定的作法和程序，所以有比較好的進步機會。超成長的公司，本質上是一種「透過實踐來學習」的組織，其生存之道在於敏捷的適應力。這些公司都充分運用資源和人力，所以多半沒有太多形式化或僵化的系統。所以，適應能力的關鍵，在於讓公司結構剛剛好使成長維持在可控制範圍，但不要過多，免得原本可以快速適應的能力受損。

如果一家新興成長型的公司對於自己的未來有信心，便會投資於可在將來幾十年保持優良表現的管理技巧和控制上。沒有任何事物可以永遠不變，超成長也一樣，況且可能會出現許多變數。所以，超成長，是爲傑出可靠的管理式成長所進行的預演。

以資訊資產爲中心

網際網路不但是許多公司進行業務時的渦輪動力，也促使傳統的垂直整合模式轉變爲虛擬整合。戴爾與顧客和供應商建立起資訊夥伴關係，因此享受到了緊密協調的供應鏈管理所提供的好處，而這通常發生在垂直整合的公司身上。同時，我們繼續把重心放在核心專長上面，保持著在資訊時代競爭所需要的速度與彈性。這就是我們所謂的虛擬整合——較之於仰賴實體資產併購的垂直整合，虛擬整合當然是以資訊資產爲中心。

對戴爾而言，虛擬整合背後的概念，是我們直接商業模式的自然演化結果。戴爾以「直接銷售個人電腦系統給顧客」這樣一個簡單概念起家，所以能迅速了解顧客的需求，並且提供最有效率的電腦系統來滿足他們。我們剛成立時資本極少，所以必須清楚界定自己的附加價值。我們不打算成爲所有零組件的專家，而是與供應商結盟，取得他們的資本密集的服務；我們把重心放在提供以顧客爲導向的解決方案。

對我們而言，虛擬整合的最終目標，是要改善整體的顧客經驗。我們一向以顧客爲重，但我們相信可以更進步。我們培養將心比心的態度，試圖完全用顧客的立場看事情，如此才能大幅改善顧客經驗。光提供電腦業最好的服務是不夠的，我們希望可以像諾德史卓百貨公司（Nordstrom）和聯邦快遞一樣，躋身全世界服務最優異的公司之列。我們因此向這兩家公司看齊，不斷思考：顧客以電子查詢方式，透過聯邦快遞追蹤包裹寄送情況，做到這樣，有多難？到諾德史卓買東西的經驗有多友善？我們不但追求與電腦公司競爭，也和其他產業中，最善於提供顧客絕佳經驗的公司競爭。

沒有任何一家公司可以靠一己之力成功。我們需要合作夥伴的幫忙，如英特爾、微軟、物流公司、現場服務組織、磁碟機和顯示器的製造商、員工等等，需要從銷售、服務、製造等第一線運作，到人力資源、財務，以及這些業務做爲後盾。若要提供最佳的顧客經驗，虛擬整合是不可或缺的——因爲若要達到虛擬整合，必須眞正做到與所有協力的公司整合。

以電子方式與世界連結

網際網路提供的是網絡的終極延伸，把整個世界以電子的方式結合。

在店裡堆滿貨品，祈禱顧客眞正需要的數量和產品能接近自己的預測，這種日子早就過去了。昔日供需上的障礙，被網上購物的簡易和效率打破，並有了一套方法可以評量存貨、成本結構和利潤空間。

製造商再也不能把供應商當作小販，竭力搾出每一塊能節省成本的錢；也不能再把顧客當作產品和服務的市場，盡量從他們身上追求高價。相反的，要把供應商和顧客都當作夥伴和戰友，一起追求改進整個價值鏈的效率和價值，而不只是讓自己的業務成長。若能做到這樣，我們就可以創造更深入、更持久的關係，讓所有相關者共享效率、忠誠，以及更強固的長期價值。

戴爾公司試圖建立起一種可以整合所有功能的組織。與顧客、員工及供應商的整合，對他們各有好處；然而，當這三者整合時，這模式將會眞正發動威力。這是直接交易的終極力量和承諾，而其動力就是網際網路。欲致勝，就必須利用網路的優點，與供應商和顧客建立資訊的夥伴關係。不這樣做，可能無法存活；若能做到，便有潛力在全球競爭之中成爲骨幹力量，並重新定義提供給顧客和股東的價值。

結果，可說是具有革命性。

以下各策略，在很多方面造就我們的成功。若以這些策略爲基礎，也能爲你帶來網路經濟之下的成功。

◆**期待改變，並且預作計畫**。與其把改變視爲潛在的威脅或問題，不如張臂擁抱，視之爲機會。鼓勵員工在你所處的產業中找出改變。記住：保持現況不會有風險，但也不會帶來利潤。

◆**發展網際網路**。在網路式經濟中，網際網路是最有效率也最普遍的帶動改變的媒介。不管你處在哪一個產業，都不能「一切照舊」。利用網際網路可以打破傳統的界線。

如果你是一家大企業，網路能讓你更接近你的員工、顧客及供應商，也可以讓你的運作更快速，變得更精於掌握改變的浪潮。如果你是一家小公司，網路可以幫你降低互動和交易的成本，打開溝通和競爭的大道，拉近你和企業鉅子之間的差距。

◆**重定事情的優先順序**。價格不是新經濟形態中最具優勢的要素。由於網路剷平了競爭場上的階層，所以競爭價值逐漸在於「執行」。強調個人化、便利及互動的簡易程度。

◆**刻意追求成長**。要成爲超成長的公司，必須兼重即興之舉與計畫程序。你可以在連結式經濟中，獲取並且維持高層次的成長。

◆**以虛擬方式整合業務**。尋找以虛擬方式結盟的方法，嘗試消弭步驟、加強效率、提供更好的整體顧客經驗。致力成爲全世界最好的公司，而不只是自己產業內最優良的廠商而已。

結語
一百八十億以後

到目前爲止，戴爾達成極大的成功。而我寧願把已得的成功想成是一個好的開始。過去十年來，我們的股價上漲了百分之三萬六千，公司規模從一億五千九百萬美金成長爲一百八十億。

所以，很自然的，大家會問我，戴爾什麼時候會開始走下坡，而個人電腦的市場又會在何時達到飽和。

我打從心裡相信，我們參與了一個快速崛起的產業，而且它變成全世界最大的產業。而這一切只是個開始。相較於全世界的人口數，個人電腦的使用率和滲透都還算很低。想想電視、計算機或電話長久以來所經歷的演變，以及其滲透到數百萬公司行號和數十億家庭當中的程度，我相信，再過一段時間，同樣的情況也會發生在個人電腦市場。因此，個人電腦的市場和相關產品及服務，將會在未來十或二十之間，在全球經濟體系中享有極大幅度的成長和更深入的滲透。

我知道，沒有一家公司可以永遠以每年超過百分之五十的比例持續成長。但我也相信，戴爾公司有絕佳的機會，能夠在未來很長的時間當中，比整個產業的成長還要快。

爲什麼？

我們公司目前只有百分之九的市場佔有率。如果我們像可口可樂公司一樣，擁有百分之五十的市場佔有率，我大概會開始擔心成長率逐漸趨緩，變成只有業界的一般標準。而即使我們現在在某些市場佔第一，但我們對這百分之九的佔有率實在難以感到滿足，特別是我們還要繼續增加新地點、新產品、新的顧客區隔、新服務，並且提供更好的顧客經驗。即使我們業務中最成熟的項目，都還以遠超過產業標準的速度快速成長。

我們也擁有結構上的經濟優勢，以及許多尚未發展的機會。想想我們可以增加的營業項目：產品上，有桌上型電腦、筆記型電腦、伺服器、記憶體等等；地點上，有美國、歐洲、日本、亞洲和南美洲；說到可以帶動成長的策略，我們有依訂單而建構的系統、區隔化做法、網際網路、全心注重顧客等。

我相信，網路時代所需要的恰當商業模式，我們都有。直接面對顧客和供應商，這一點我們居領先——我們相信，隨著市場由間接產銷轉型到直接產銷，而競爭對手苦苦追趕，更能證明這個優點的無價意義。也許最重要的是，我們和我們的員工、顧客和供應商等重要盟友，創造出擁有信任和溝通良好的夥伴關係。我們和這些夥伴們以冒險精神和對學習的熱愛，加上在不斷改變的產業中擁抱改變的意願，共同面對未來。

沒錯，世上沒有一家公司可以永遠不出差錯。但我們成功的關鍵來自於內在：我們對自己長處的了解；我們對實驗的開放態度；我們從錯誤中學習和持續追求改進的決心；我們樂於挑戰傳統和堅持信念的勇氣；我們天生想要消弭不必要步驟的夢想。

這些，就是策略的根本精神；它們會幫助你我，在長久的未來繼續以革命性方式改變我們所處的產業。

戴爾大事紀

一九八〇 因著對未來趨勢的先見之明，麥克・戴爾買了生平第一部電腦：蘋果二號（Apple II），而且立刻把電腦支解，試圖了解設計和製造的原理。

一九八三 年少輕狂的麥克・戴爾宣稱，總有一天要打敗IBM。他開始在德州大學的宿舍做起高利潤的生意，銷售的是升級後的個人電腦和附加零件。

一九八四 憑著一千元美金的創業資本，麥克・戴爾登記設立了「戴爾電腦公司」（Dell Computer Corporation），經營起個人電腦的生意，他並在五月休學。「戴爾電腦」成為電腦界第一家依顧客個人需求組裝電腦的公司，並且不經過銷售量產電腦的經銷商控制系統，直接賣給最終使用者。

一九八六 戴爾在Comdex全美春季電腦展上，推出十二MHz的二八六電腦，這是當時業界功能最快的電腦。這個系統旋即引起科技媒體熱烈好評。

戴爾公司也是採用三十天內退費的業界先驅，這項做法為戴爾劃下重要的里程碑，不但顯示其致力於拓展服務項目，追求顧客滿意的品質，也首創到府服務的手法。

一九八七 戴爾以初生之犢的勇氣，毅然在英國成立第一家跨國分公司，預定在接下來的四年內，將再成立十一家跨國分公司。

一九八八 戴爾藉由首次公開股票上市，籌得三千萬美金，使得這家以一千元美金創業的公司，市場資本額達到八千五百萬元。

一九八九 快速成長的戴爾公司首次經歷重大的挫折：由於累積過多的記憶體零件庫存量，造成資產虧損，迫使公司取消一項名爲「奧林匹克」的遠大產品開發計畫。

一九九〇 CompUSA 和 Best Buy 這一類的電腦量販業剛剛萌芽時，戴爾成爲第一家投入該市場的電腦公司。不過，在確定這一類的經銷店模式無法符合公司的財務目標之後，戴爾也率先自這個市場抽身。

一九九一 戴爾把所有的產品線改爲配備速度最快的英特爾四八六微處理器，以此展現快速提供最新科技給顧客的決心。

一九九二 到一九九三年一月份的會計年度爲止，戴爾公司的銷售額稍稍突破二十億美元，成長了百分之一百二十七，成長相當可觀。

一九九三 苦於極度快速成長的壓力，戴爾不得不忍痛取消次要產品的供應，並且因爲決定要暫時退出筆記型電腦市場，抽離零售店系統，以及重整歐洲營運，而公佈唯一一次的季度虧損。

「現金流動・獲利性・成長」成爲公司的口號，象徵公司從以往偏重成長轉而注意各項平衡。《上方》(*Upside*) 雜誌並因此頒給麥克・戴爾一個含意曖昧的頭銜，稱他爲「年度扭轉乾坤的總裁」。

一九九四

在脫離了筆記型電腦市場一段時間之後，戴爾推出新型的 Latitude 筆記型電腦，創下電池壽命的新記錄。

在稍早成立「戴爾日本分公司」之後，隨即展開在亞太地區的第一個營運計畫。日本這個據點，成爲戴爾公司有史以來成長最快的國際營運點。

一九九六

戴爾推出 PowerEdge 伺服器，以此挑戰向來挾專屬科技以訂高價的傳統市場。在不到兩年的時間裡，PowerEdge 就使得戴爾從市場佔有率排名第十位，推向全球第三大伺服器供應商的寶座。

戴爾原本不動聲色在網際網路上銷售依個人需求而配置的電腦，但在戴爾公司宣佈，他們每天透過公司網站 www.dell.com 所進行的交易營業額超過一百萬美金後，很快引發一場公開的革命。這一年，戴爾並推出第一個爲顧客量身定做的網站，透過這個叫做「頂級網頁」（Premier Pages）的網站，顧客可以直接連結公司的服務系統及支援資料庫。

一九九八

當戴爾每天透過網路的銷售額達到一千兩百萬美金時，其在網際網路上的領導地位便已鞏固。戴爾把「頂級網頁」計畫的顧客名額擴充為逾九千名，並且與供應商建立網路基礎的連線，以加速庫存和品管資料的流通。

戴爾在中國成立了一個整合銷售、生產及支援的營運中心。

國家圖書館出版品預行編目資料

DELL的祕密：戴爾電腦總裁現身說法／麥克・戴爾 (Michael Dell) 著；Catherine Fredman 協作 謝綺蓉譯.-- 初版-- 臺北市：大塊文化，1999 [民 88]

面；　公分.　(Touch 12)

譯自：Direct from Dell: strategies that revolutionized an industry

ISBN 957-8468-90-3 (平裝)

1.戴爾電腦公司 (Dell Computer Corporation) - 歷史　2. 電腦資訊業 - 美國

484.67　　　　88009979

105 台北市南京東路四段25號11樓

廣　告　回　信
台灣北區郵政管理局登記證
北台字第10227號

大塊文化出版股份有限公司　收

地址：＿＿＿市／縣＿＿＿鄉／鎮／市／區＿＿＿＿路／街＿＿＿段＿＿＿巷

＿＿＿弄＿＿＿號＿＿＿樓

姓名：

請沿虛線撕下後對折裝訂寄回，謝謝！

大塊 LOCUS 文化

編號：TO 012　書名：DELL的祕密

大塊
LOCUS
文化

讀者回函卡

謝謝您購買這本書，為了加強對您的服務，請您詳細填寫本卡各欄，寄回大塊出版 (免附回郵) 即可不定期收到本公司最新的出版資訊，並享受我們提供的各種優待。

姓名：________________________ **身分證字號**：________________________

住址：____

聯絡電話：(O)________________________ (H)________________________

出生日期：_______年______月______日

學歷：1.□高中及高中以下　2.□專科與大學　3.□研究所以上

職業：1.□學生　2.□資訊業　3.□工　4.□商　5.□服務業　6.□軍警公教
7.□自由業及專業　8.□其他________

從何處得知本書：1.□逛書店　2.□報紙廣告　3.□雜誌廣告　4.□新聞報導
5.□親友介紹　6.□公車廣告　7.□廣播節目8.□書訊　9.□廣告信函
10.□其他____________

您購買過我們那些系列的書：
1.□Touch系列　2.□Mark系列　3.□Smile系列　4.□Catch系列
5.□PC Pink系列　6□tomorrow系列　7□sense系列

閱讀嗜好：
1.□財經　2.□企管　3.□心理　4.□勵志　5.□社會人文　6.□自然科學
7.□傳記　8.□音樂藝術　9.□文學　10.□保健　11.□漫畫　12.□其他_____

對我們的建議：____

____

LOCUS

LOCUS

LOCUS

LOCUS